Chouchou & Hair elastic

周末轻松完成！
用刺绣线钩编可爱发饰

钩编童话少女发饰

[日] E&G 创意 / 编著
方菁 / 译

中国纺织出版社

目录

Contents

Part 1 花朵

Part 2 北欧主题

23 24 25

26 27 28 29

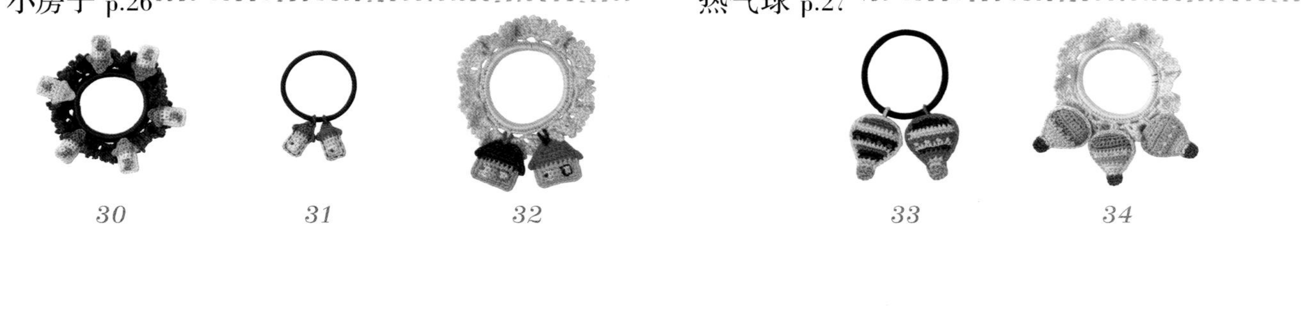

30 31 32 33 34

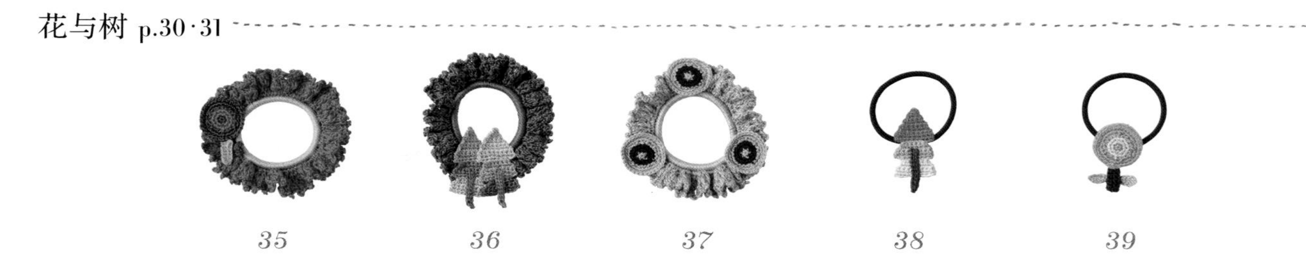

35 36 37 38 39

Part 3 几何花样

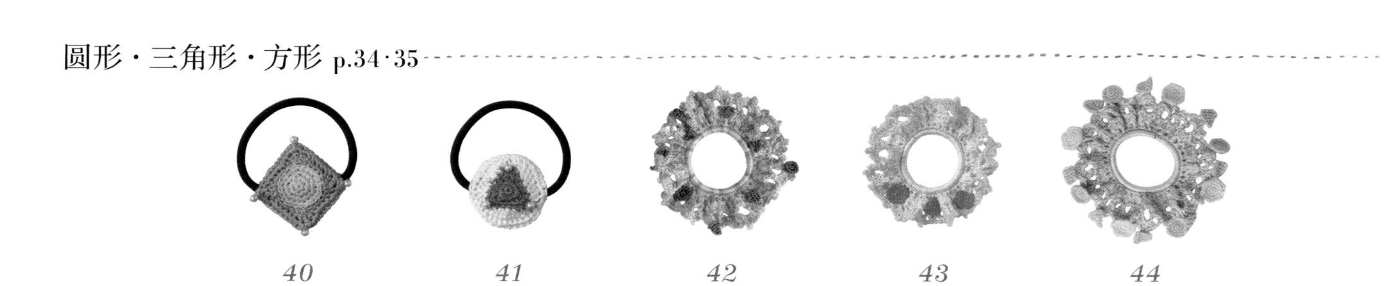

40 41 42 43 44

Part 4 动物

Basic Lesson 1 基础课程

※为了便于理解替换了线的颜色进行说明。

◎包织橡皮圈的方法：短针的情况下

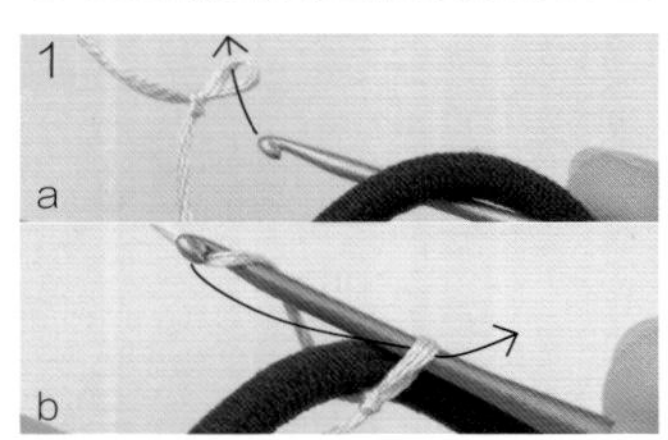

在基本针（p. 63）里起针，钩针先从线圈上退下。钩针穿过橡皮圈内侧（a），针上挂刚刚取下的线圈后从橡皮圈中引出，针上挂线（b）引拔。

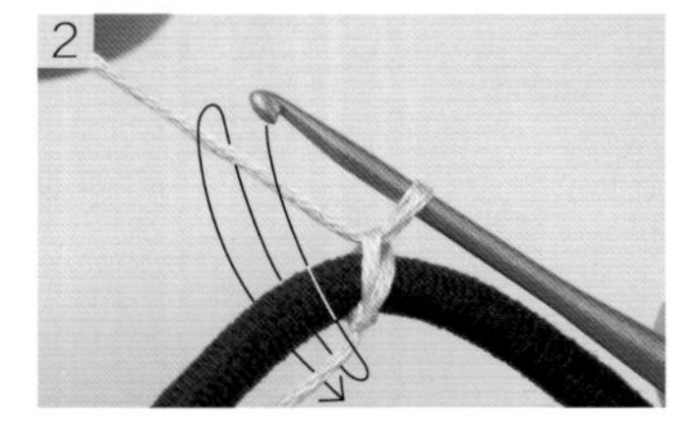

1针立起的锁针钩织完成。将线头和橡皮圈一起包织，按照箭头所示方向将线引出。

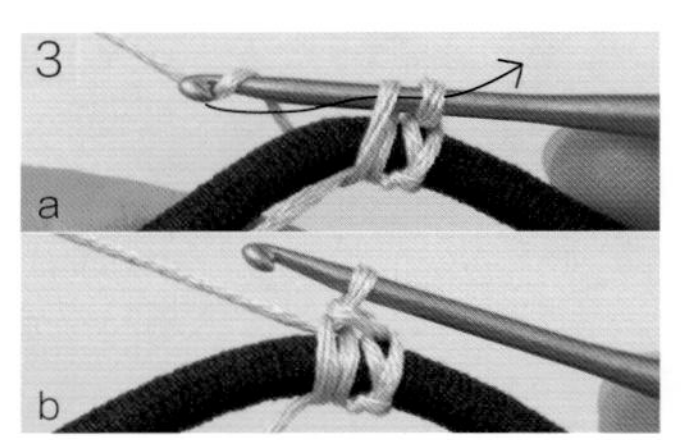

针上挂线（a），按照箭头所示方引拔。1针短针钩织完成（b）。重复步骤2・3用短针包织。

◎包织编织环的方法：短针的情况下

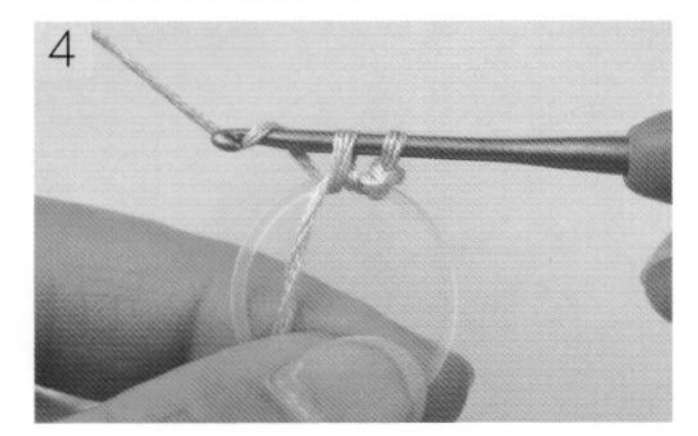

按照包织橡皮圈的同样要领钩织。

◎替换配色线的方法 ※此处为作品48的说明

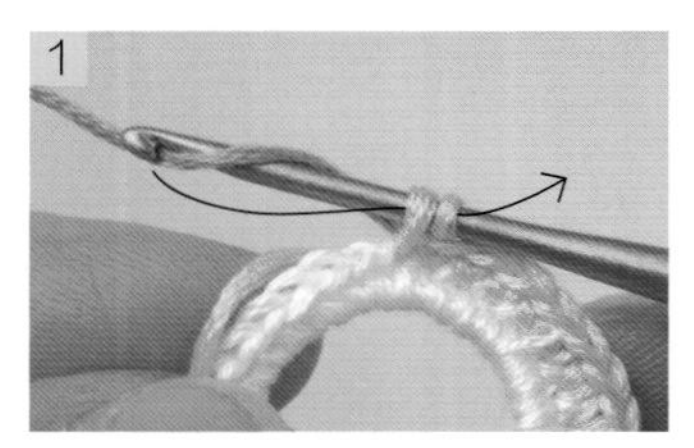

在配色线替换前的针脚上钩织未完成的短针（参照p.64），将黄色线（底色线）停针，针上挂黄绿色线（配色线）。

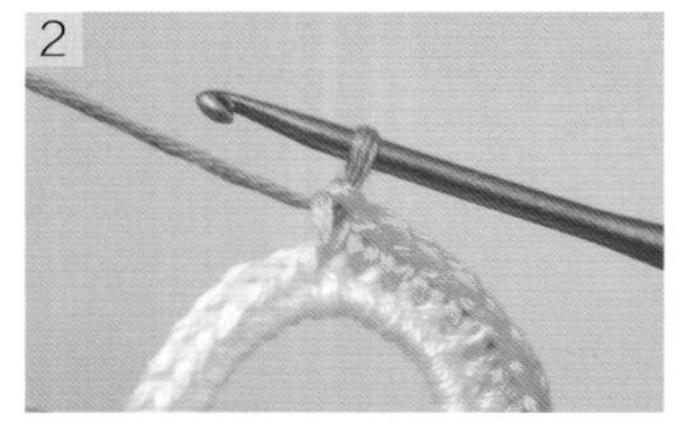

引拔黄绿色线。织线替换成黄绿色，完成。

◎织入花样的钩织方法 ※此处为作品32的说明

×＝深黄色
×＝浅蓝色

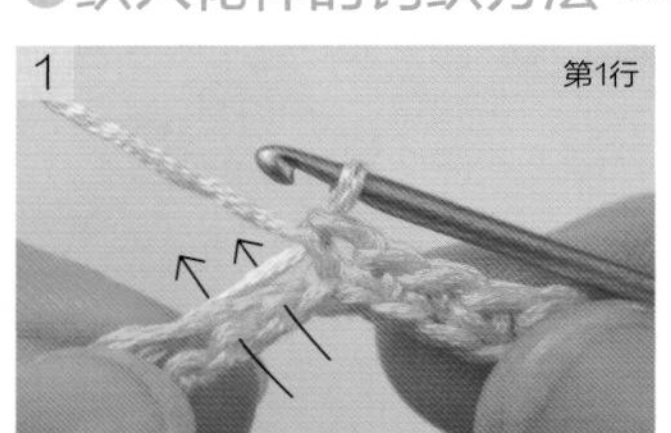

用深黄色线（底色线）钩4针短针，参照配色线的替换方法将第5针的线换成浅蓝色（配色线）。

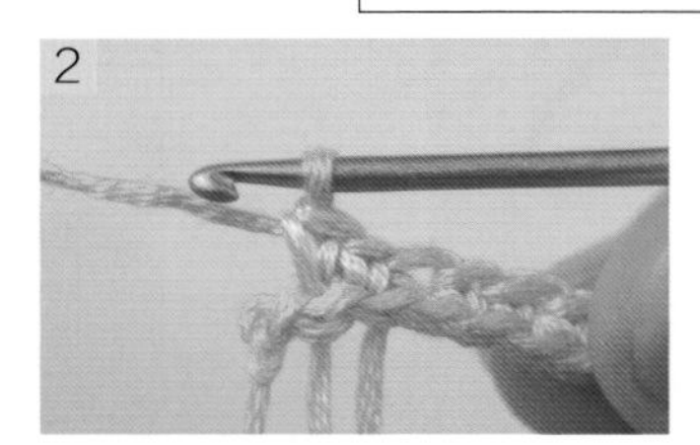

包织深黄色线（将起针同时挑起。参照步骤1的箭头），用浅蓝色线钩1针短针、未完成的短针，参照配色线的替换方法将线换成深黄色。

◎织入花样的钩织方法

○＝深黄色
●＝浅蓝色
包织

将浅蓝色线在外侧（织面的反面）停针，用深黄色线钩1针短针。

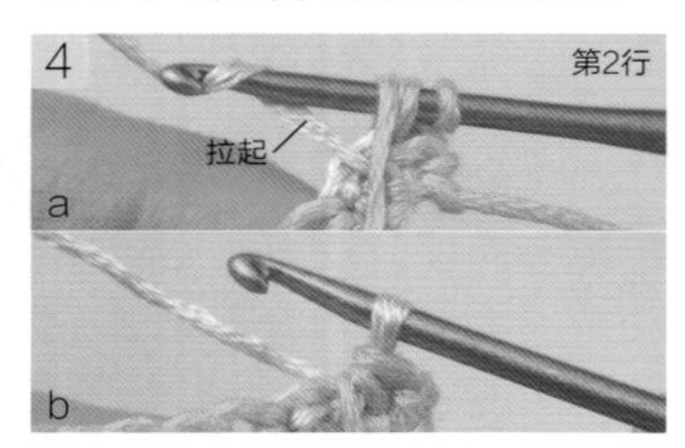

在立起的1针锁针里，钩织未完成的短针，针上挂深黄色线，将第1行钩织终点停针的浅蓝色线钩起挂在针头（a）。引拔浅蓝色线，线替换成浅蓝色（b）。

参照配色线的替换方法更换织线，包织停针的线直到换上下一配色线为止（上一行的针脚一起钩织），钩织第2行。钩织终点的浅蓝色线从内侧（织面的反面）引出停针。

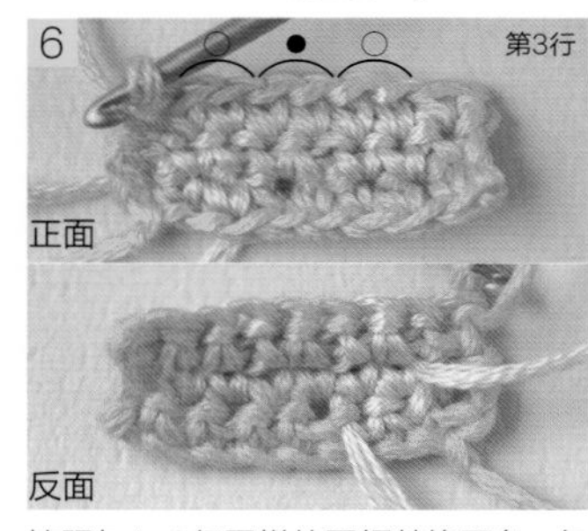

按照与1·2行同样的要领替换配色，包织停针的线直到换上下一配色线为止。

◎◎拼接花样的方法：挑内侧半针的卷针缝合 ※此处为作品39的说明

将花样正面朝外对齐拼接，钩针穿过内侧半针处（a），逐针用卷针缝合。

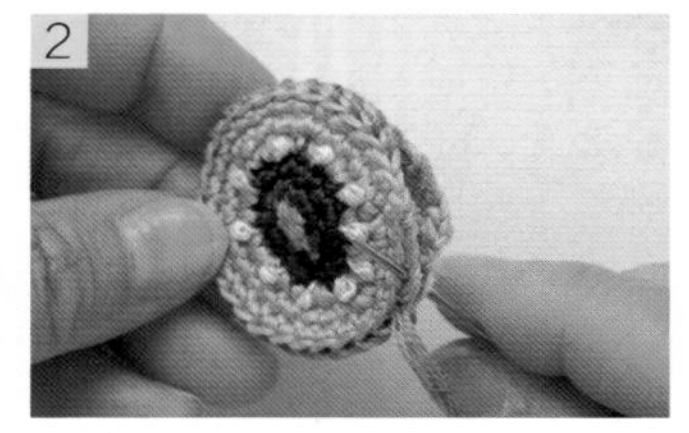

留出插花茎的位置之后用卷针缝合。

花茎插入空隙中，钩针穿过内侧半针（a）。"在下一针的中心从正面入针（b）"。

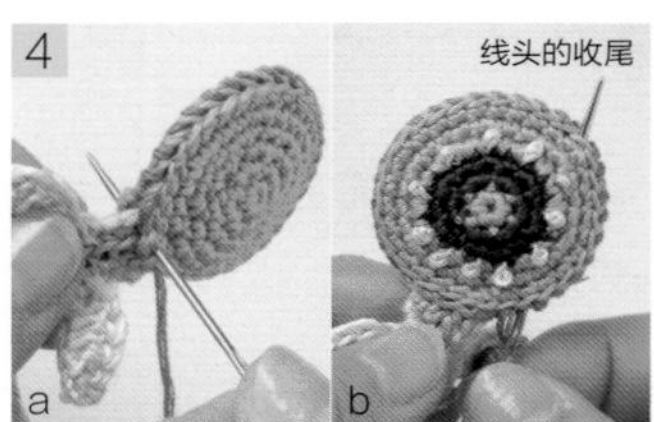

在下一针的中心从反面出针（a）。重复步骤3""的内容和步骤4，将插入的花茎缝合。线头藏入织片反面后剪断（b）。

Point Lesson 重点课程

[玫瑰·小玫瑰 作品序号 ... *1~5* 作品展示 ... p.9]

○花片的组合方法

织片正面朝向自己，从右边开始向内卷起。

花片翻到反面，在根部入针。

在花朵的根部按照十字形穿针4~5回后停针。右下方是成品图。

[向日葵 作品序号 ... *6~10* 作品展示 ... p.11]

○花朵的钩织方法

花芯根据符号图用短针的条纹针钩织1~3圈，挑第3圈的内侧半针钩织第4圈。

: 换线

在花芯第3圈的外侧半针处钩织花瓣。在外侧半针处（参照步骤1反面的箭头方向）入针，针上挂线（a），按照箭头所示引拔将线穿上（b）。

将花芯的第4圈向内翻折，在同一针里钩织1片花瓣。

在花芯的短针里逐针钩织1片花瓣，钩织1圈。右下图为花片钩织完成的效果。

[藏红花 作品序号 ... *11~13* 作品展示 ... p.15]

○花片的组合方法

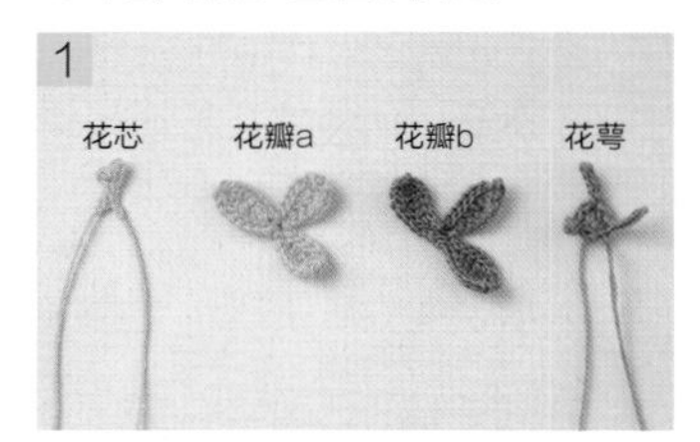

花芯在钩织的起点和终点留出6~7cm的线头，花萼在钩织的起点和终点留出10cm的线头进行钩织。

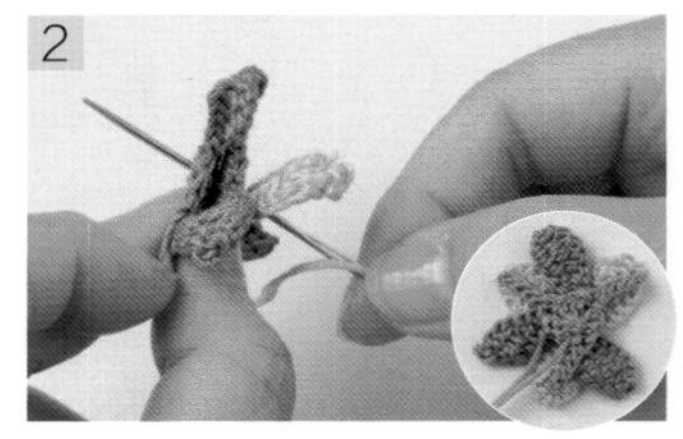

按照右下图重叠花瓣a、花瓣b、花萼，将花芯的其中一根线头穿过中心。

花芯剩下的另1根线头用钩针穿过步骤2的织片。

用力拉线头（使花瓣陷进花萼中的程度）打一个死结（a）。线头埋入花瓣后剪断（b）。

用花萼钩织终点的线头缝1圈，将花萼与花瓣a缝合。

将花萼与花瓣a缝合的线头按照与花芯线头同样的方法进行收尾。右下图为成品图。用花萼钩织起点的线头缝到橡皮圈、发圈上。

[三色堇 作品序号 ... *14~15* 作品展示 ... p.15]

○花片的钩织方法

钩织花芯和后侧的花瓣。在花芯第1圈的外侧半针里钩织后侧的花瓣。

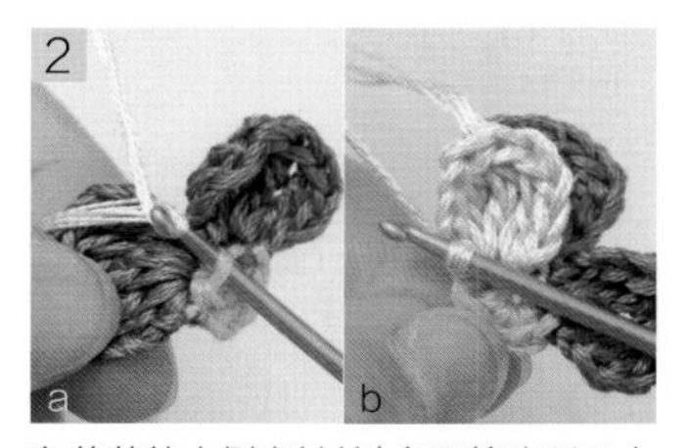

在花芯的内侧半针处（参照箭头所示方向）入针，针上挂线引拔后将线穿上（a）。在同一针和下一针里钩织1片前侧花瓣（b）。

继续钩织前侧的3片花瓣，花片部分钩织完成。

接p.58

Part 1 花朵

花朵主题不仅仅只是日常使用，
在稍微需要打扮打扮的日子里
也十分合适呢。
戴上和洋装相衬的花朵发饰出门吧！

玫瑰・小玫瑰

女生中超高人气的玫瑰花，
用大朵玫瑰与迷你玫瑰堆叠营造层次感。
只有一朵红玫瑰的发圈也是让人印象深刻的。

制作方法 ... *1.2* p.56 *3.4.5* p.57

设计&制作... 河合真弓

向日葵

代表元气的向日葵，
最适合夏日的风尚。
把发圈作为基底自由发挥吧。

制作方法 ... *6* p.60 *7.8* p.12 *9.10* p.13
设计&制作 ... 河合真弓

6
7
8
9
10

◎材料

【线】 DMC 25号刺绣线

7 蓝色系162 1.5支、白色系3865 1支、黄色系973·3821 各1支、茶色系433 0.5支、绿色系470·937·3346 各0.2支

8 黄色系613 2.5支、黄色系728·973·3821 各1支、茶色系433·801·938、绿色系470·987·505 各0.2支

【钩针】 蕾丝针0号

【橡皮圈】 直径5.5cm、截面直径0.4cm（茶色）

【成品尺寸】 7 9.8cm×14cm 8 13cm×13cm

◎钩织方法

1 钩织主体 作品7·8通用

第1圈钩68针短针包织橡皮圈，第2~4圈钩织花样。

2 钩织花片、叶片

叶片的第1圈的上半部分挑起锁针的里山钩织，下半部分挑起针的外侧半针钩织（条纹针）。作品7·8按照各自的配色分别钩织1片。花朵的钩织符号图参照9·10的花朵（p.13），按照各自的配色钩织指定的片数。

3 缝合花朵和叶片

作品7将花片挑针缝合之后，缝上叶片。作品8在花朵的反面缝上叶片。

4 将组合完成的花样缝到主体上。

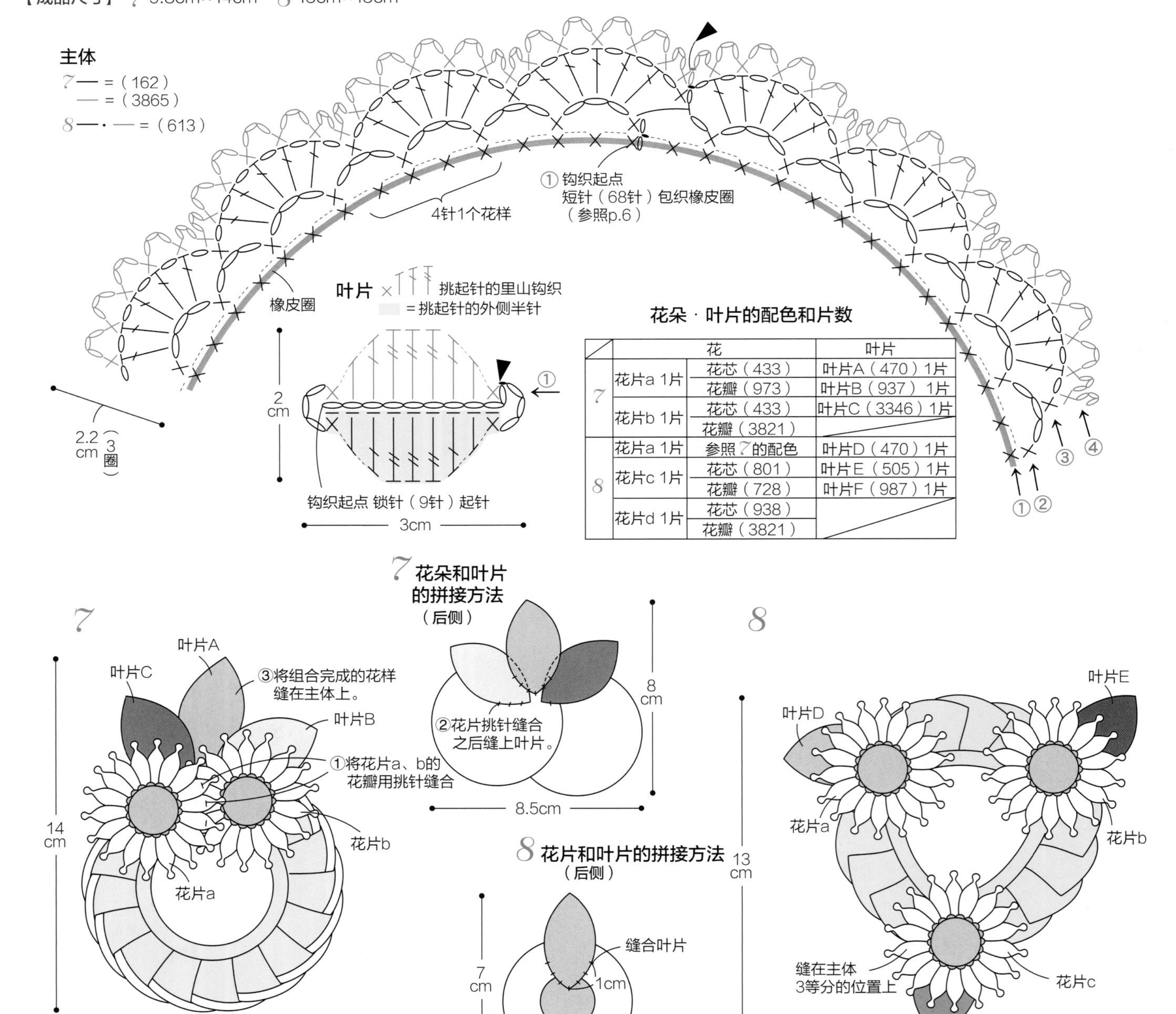

花朵·叶片的配色和片数

		花	叶片
7	花片a 1片	花芯（433）	叶片A（470）1片
		花瓣（973）	叶片B（937）1片
	花片b 1片	花芯（433）	叶片C（3346）1片
		花瓣（3821）	
8	花片a 1片	参照7的配色	叶片D（470）1片
	花片c 1片	花芯（801）	叶片E（505）1片
		花瓣（728）	叶片F（987）1片
	花片d 1片	花芯（938）	
		花瓣（3821）	

◎材料

【线】 DMC 25号刺绣线

9 黄色系973 0.5支、茶色系898 0.5支、绿色系904 0.2支

10 黄色系 444 · 728 各1支、茶色系801 · 898 各0.5支、绿色系905 · 934 · 937各0.2支

【钩针】 蕾丝针0号

【橡皮圈】 直径5.5cm、截面直径0.4cm（茶色）

【成品尺寸】 *9* 7.5cm×8.5cm、*10* 10.4cm×9cm

◎钩织方法

1 钩织花片

在花芯第3圈的内侧半针处钩织花芯第4圈的引拔针，花瓣在第3圈的外侧半针处钩织。作品*9*用黄色系线（973）钩1片、作品*10*用深浅不同的黄色系线（444 · 728）各钩1片。

2 钩织叶片

参照作品*7* · *8*的叶片钩织符号图，作品*9*用绿色系线（904）钩一片、作品*10*用深浅不同的绿色系线（905 · 934 · 937）各钩1片。

3 在花片上拼接叶片

作品*9*在花片的反面缝上叶片。作品*10*将缝上叶片的2枚花片缝合。

4 在缝上叶片的花片背面缝上橡皮圈，完成作品。

花片

①～④ = 花芯
⑤ = 花瓣

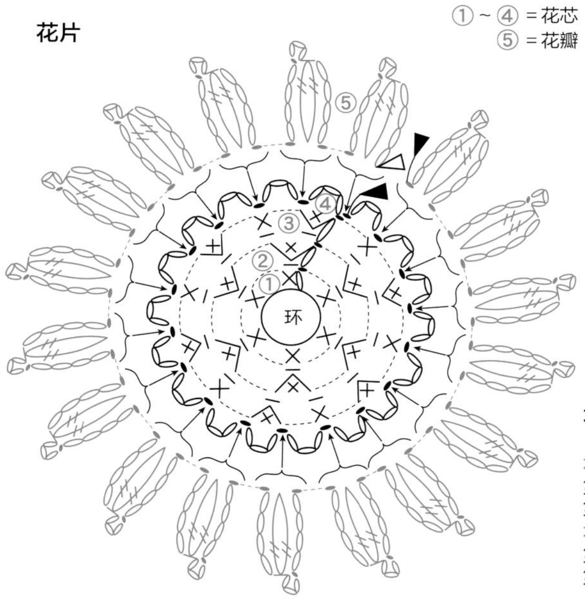

5.5cm

花片 · 叶片的配色和片数

※叶片请参照p.12

	花		叶片
9	花片1片	花芯（898）	（904）1片
		花瓣（973）	
10	花片a 1片	花芯（898）	叶片A（905） 1片
		花瓣（444）	叶片B（937） 1片
	花片b 1片	花芯（801）	叶片C（934）1片
		花瓣（728）	

花片的钩织方法

※请参照p.7

花芯

第4圈的⬬（引拔针）在第3圈的内侧半针处钩织

花瓣

第5圈的⬬（引拔针）在第3圈的外侧半针处钩织

9

7.5cm

5.5 cm

8.5 cm

10

10.4cm

叶片A

叶片B

叶片C

花片b

花片a

7.6 cm

9 cm

10（背面）

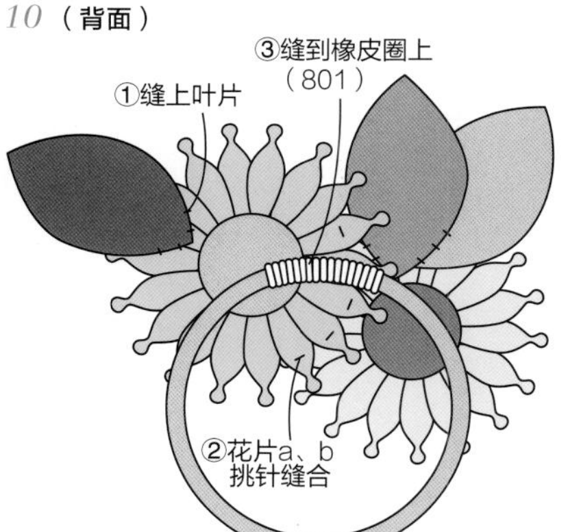

9（背面）

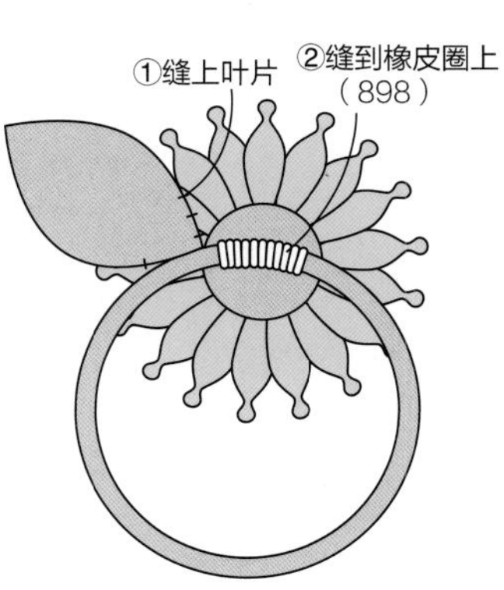

藏红花·三色堇

立体的藏红花给人以成熟气质的观感。
小小的三色堇则十分清爽。

制作方法... *11.12.13* p.16 *14.15* p.17

设计&制作 ... 冈麻里子

11
14
12
13
15

11, 12, 13

◎材料

【线】 DMC 25号刺绣线

11 紫色系340 3.5支、白色系BLANC 1.5支、紫色系208 · 333 · 绿色系906 各1支、紫色系552 · 黄色系972 各0.5支

12 白色系BLANC · 黄色系 743 · 紫色系333 各1支、黄色系972 · 绿色系906各0.5支

13 绿色系904 2.5支、黄色系743 2支、绿色系906 1.5支、黄色系972 120cm

【钩针】 钩针2/0号

【橡皮圈】 直径5.5cm、截面直径0.4cm（茶色）

【成品尺寸】 *11* 10.5cm×11cm、*12* 5.5cm×8.2cm、*13* 直径10.5cm

◎钩织方法

1 钩织花瓣a、花瓣b、花芯、花萼　作品*11*·*12*·*13*通用

花瓣a、花瓣b、花芯、花萼分别按照配色钩织指定片数。

2 组合花片（参照p.7）

①把花瓣b叠在花瓣a上，花芯穿过中心。

②花萼穿入①的部分，把花芯的线头打结收尾。用花萼钩织完成后留下的线头，将花萼缝到花瓣a上然后收紧线头。

3 钩织主体　作品*11*·*13*通用（钩织方法请参照作品*15*（p.7））

钩75针短针包织橡皮圈，接着钩4圈花样。

4 完成

在主体上缝合作品*11*的花片a · b · c · d，作品*13*的花片e（缝合位置为花萼的中心）。

将作品*12*的花片缝到橡皮圈上。

逐个将花片a · b · e花萼的中心位置缝到橡皮圈上。

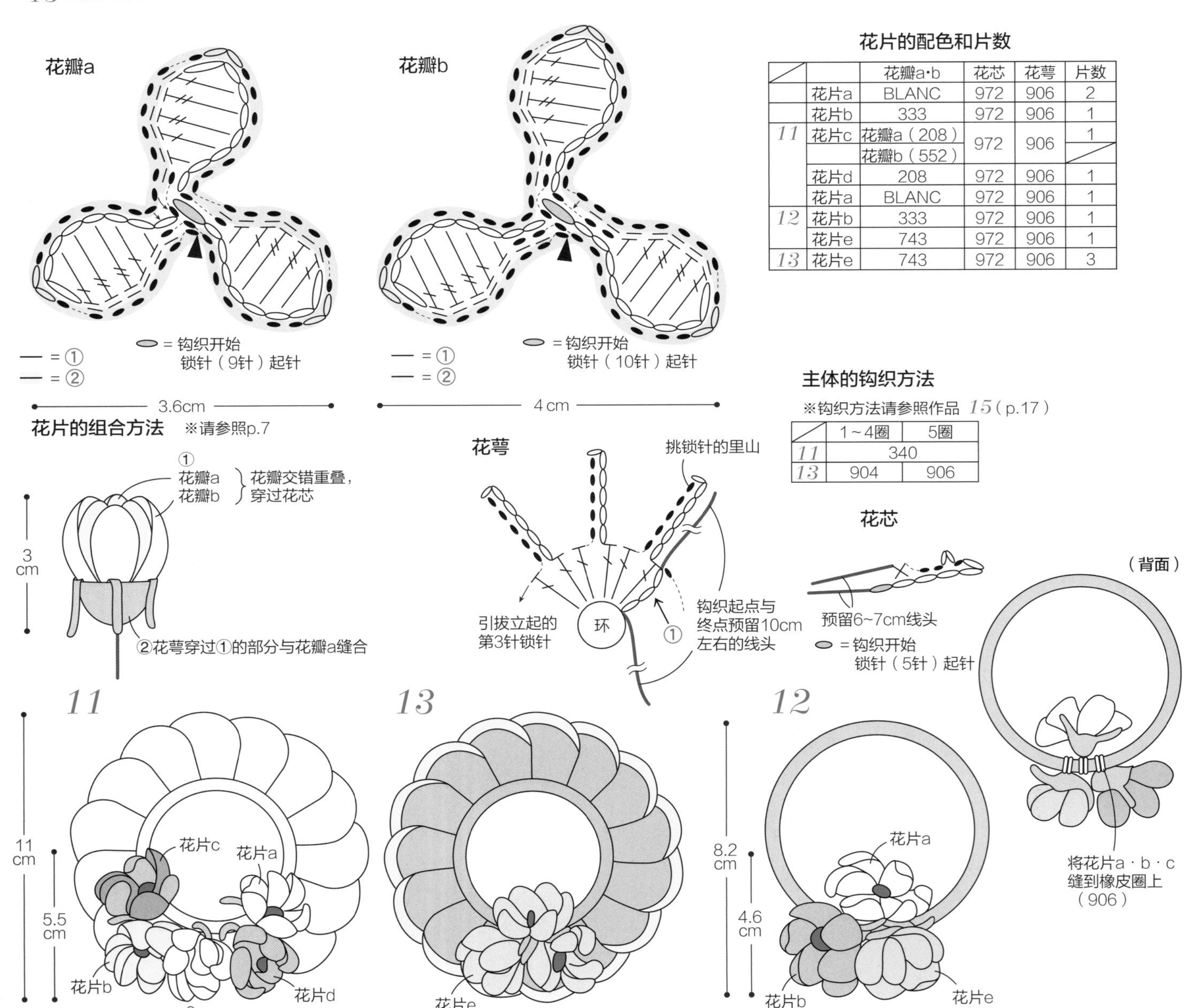

花片的配色和片数

		花瓣a·b	花芯	花萼	片数
11	花片a	BLANC	972	906	2
	花片b	333	972	906	1
	花片c	花瓣a（208）	972	906	1
		花瓣b（552）			
	花片d	208	972	906	1
12	花片a	BLANC	972	906	1
	花片b	333	972	906	1
	花片e	743	972	906	1
13	花片e	743	972	906	3

主体的钩织方法

※钩织方法请参照作品*15*（p.17）

	1~4圈	5圈
11	340	
13	904	906

◎材料

【线】 DMC 25号刺绣线

14 绿色系988 1支、蓝色系824 0.5支、黄色系746 · 972 · 3078 · 蓝色系828 · 紫色系333 各130cm

15 蓝色系828 3.5支、绿色系505 1支、黄色系746 · 972 · 3078 各0.5支、红粉色系962 · 3689 各0.5支

【钩针】 钩针2/0号

【橡皮圈】 直径5.5cm、截面直径0.4cm（茶色）

【成品尺寸】 *14* 6.5cm×7.8cm、*15* 9.5cm×11.5cm

◎钩织方法

1 钩织花片、叶片 作品*14*·*15*通用

挑花片第1圈的外侧半针钩第2圈，钩织2片花瓣。挑花片第1圈的内侧半针钩第3圈，钩织3片花瓣（请参照p.7）。叶片则用短针钩织基底，在基底上穿线起6针锁针，钩2圈花样。（请参照p.59）。

2 钩织主体

作品*15*用75针短针包织橡皮圈，接着钩4圈花样。

3 组合

14 ①在叶片A上缝上花片b。把①缝到橡皮圈上，在两侧缝上花片a · c。

15 在主体上缝上叶片B，在此之上缝上花片。

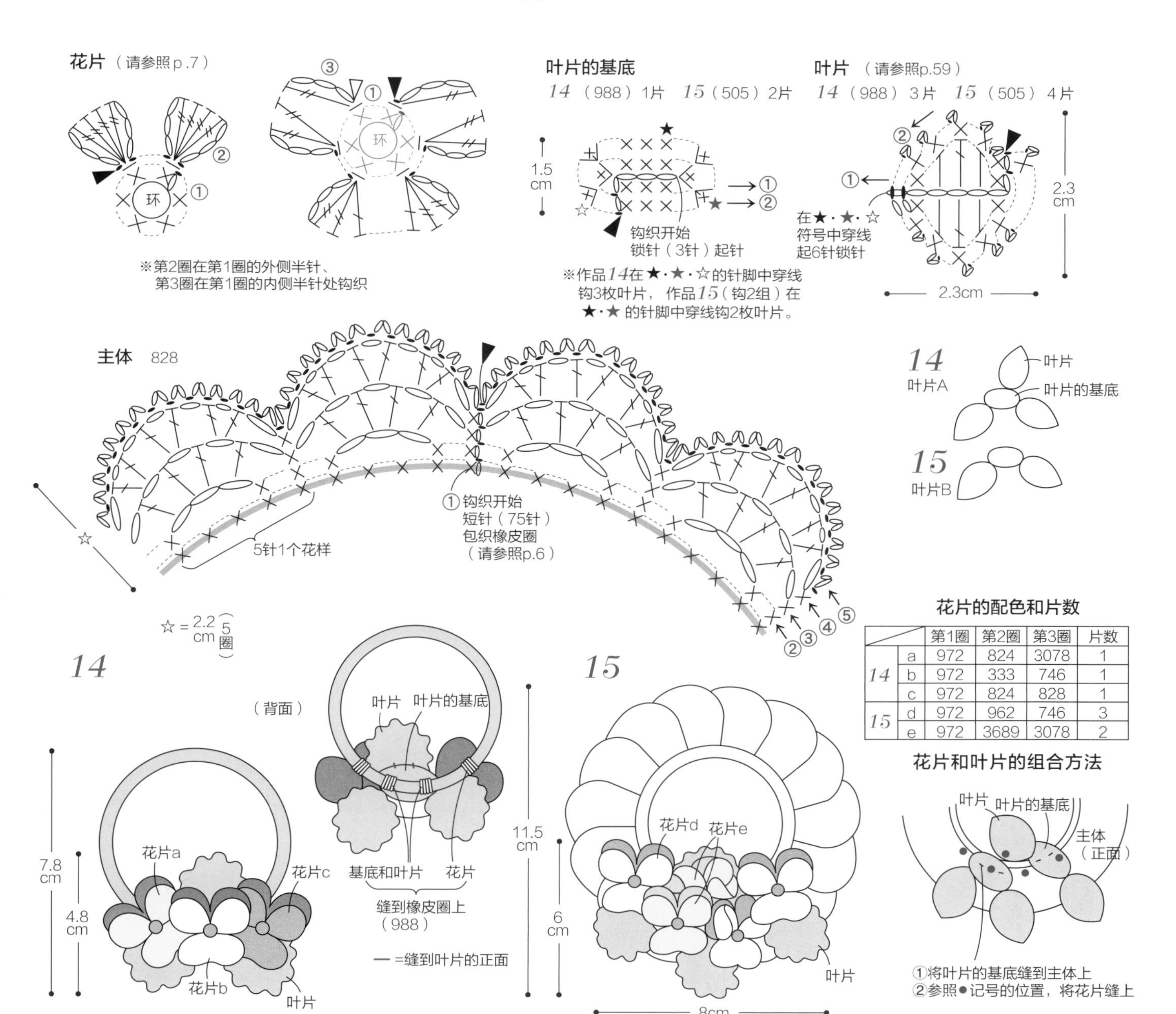

花片的配色和片数

		第1圈	第2圈	第3圈	片数
14	a	972	824	3078	1
	b	972	333	746	1
	c	972	824	828	1
15	d	972	962	746	3
	e	972	3689	3078	2

色彩纷繁的小花

因为小花织法简单，
忍不住想多做几个不同的颜色呢。

制作方法... *16.17.18* p.20　*19.20.21.22* p.21

设计&制作 ... 野口智子

16

18

17

19
21
22
20

16, 17, 18 作品展示 ... p.18

◎材料

【线】 DMC 25号刺绣线

16 绿色系988 3.7支、灰色系413 · 红粉色系917 1支

17 白色系ECRU 3.7支、灰色系415 · 红粉色系3801 各1支

18 红粉色系225 3.7支、灰色系168 1支、灰色系169 0.5支

【钩针】 钩针2/0号

【橡皮圈】 直径5.5cm、截面直径0.4cm（茶色）

【成品尺寸】 16 直径12.5cm

17·18 直径12cm

◎钩织方法

1 钩织花片 作品16·17·18通用

在第2圈替换配色钩5片。

2 钩织叶片和组合叶片 16

挑锁针的上半针钩第1圈，钩织7片，将3片在花片的反面缝上。

3 钩织主体 作品16·17·18通用

钩88针短针包织橡皮圈，接着钩5圈花样。

4 在主体上缝上花片、叶片 作品16·17·18通用

在作品16的主体上缝上花片和叶片、在作品17·18的主体上缝上花片。

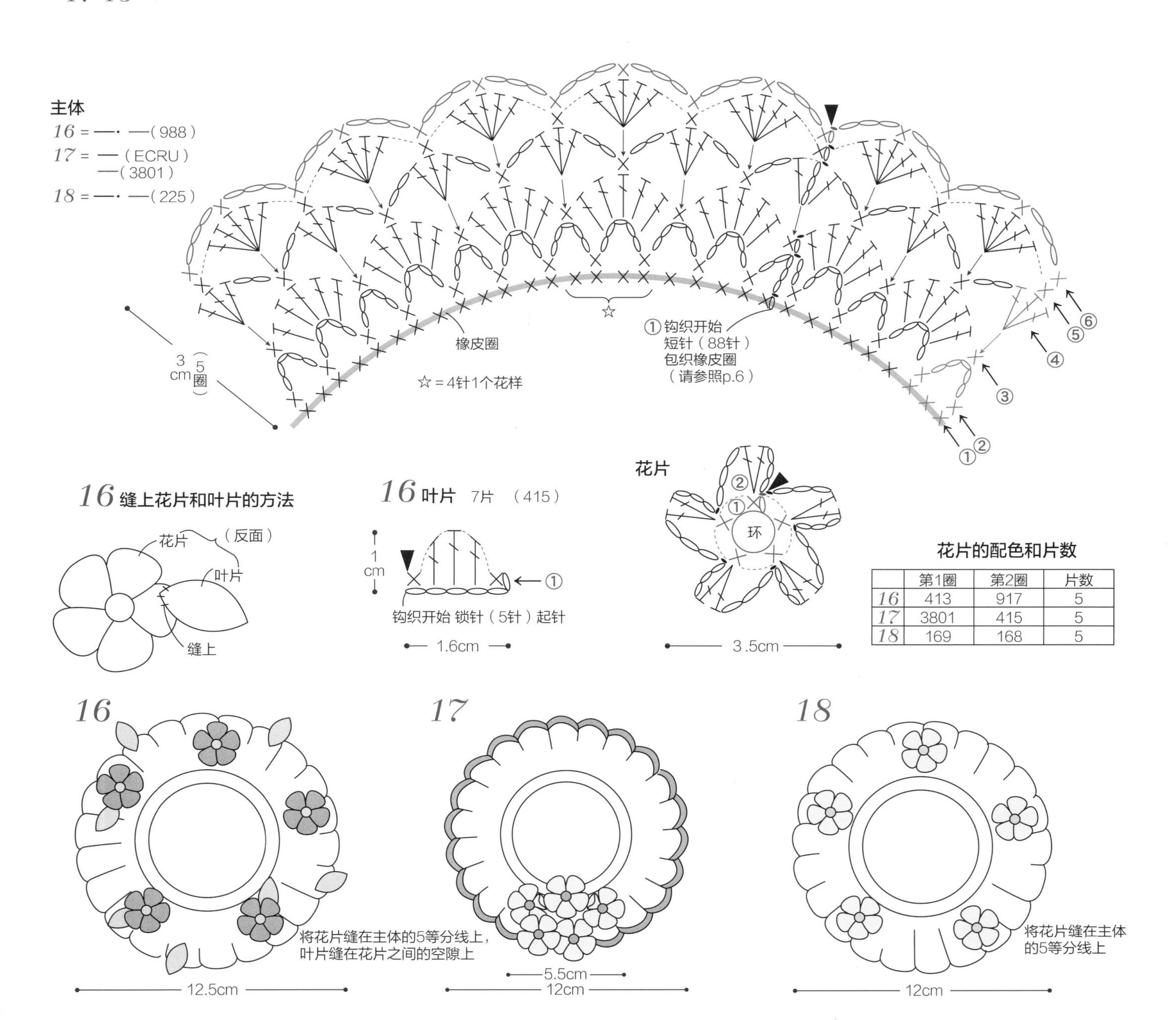

花片的配色和片数

	第1圈	第2圈	片数
16	413	917	5
17	3801	415	5
18	169	168	5

◎材料

【线】 DMC 25号刺绣线

19 绿色系3812 4.3支、白色系ECRU 1.5支、红粉色系893 1.2支

20 蓝色系336 · 白色系BLANC 各2支、黄色系445 1支

21 白色系BLANC 1.5支、蓝色系807 1.2支

22 紫色系211 2.1支、绿色系964 · 黄色系3078 · 红粉色系3708 0.5支

【钩针】 钩针2/0号

【橡皮圈】 直径5.5cm、截面直径0.4cm（茶色）

【成品尺寸】 *19* 直径15cm、*20* 直径12cm

21·22 5.5cm×8cm

◎钩织方法

1 **钩织花片** 作品*19·20·21·22*通用

在第2圈替换配色，作品*20*钩5片，作品*19*、*21*、*22*钩8片。

2 **钩织叶片** 作品*20·21*通用

作品*20*钩4片叶片，在花片的反面缝上叶片。作品*21*钩3片。

3 **钩织主体** 作品*19·20*通用

钩88针短针包织橡皮圈，接着钩5圈花样（符号图请参考p.20）。

4 **组合**

*19*在主体的8等分线上的短针（第6圈）里缝上花片的中心。

*20*在主体上将缝合的花片、叶片（请参照作品*16* p.20）组合缝上。

21· *22*钩织组合花片的基底，*21*将花片和叶片缝合，*22*将花片和基底缝合。最后将橡皮圈缝到基底上。

花片 · 叶片的配色和片数

※钩织方法请参照*16*（p.20）

		花片			叶片	
		第1圈	第2圈	片数	配色	片数
19	a	3812	ECRU	4		
	b	893		4		
20		336	445	5	336	5
21		807	BLANC	8	807	3
22	a	3708	964	各2片		
	b	964	211			
	c	211	3078			
	d	3078	3708			

主体

※钩织方法请参照*16·17·18*（p.20）

	第1圈	第2圈	第3圈	第4圈	第5圈	第6圈
19	893	3812				
20	BLANC		336	BLANC		336

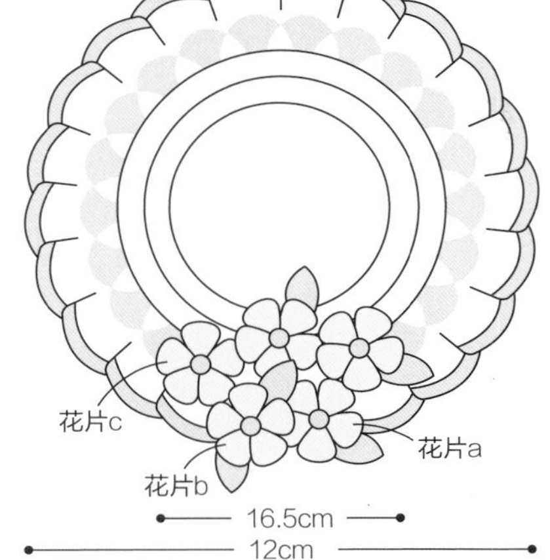

①花片a搭配1片叶片、花片b 搭配2片叶片，在花片的反面缝合。

②将花片a · b · c 缝到主体上。

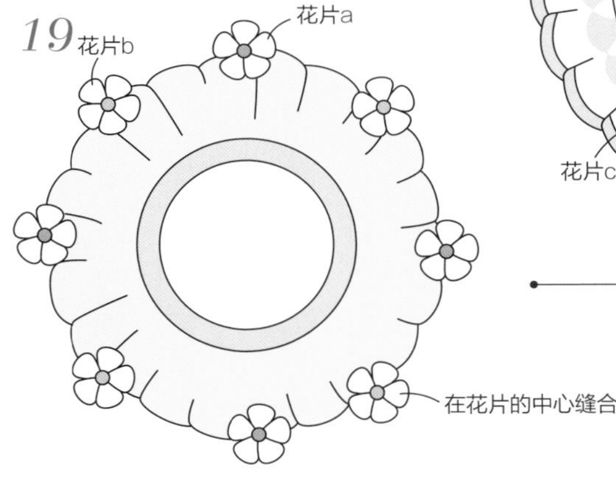

21·22

基底

21（807）

22（211）

3.5cm

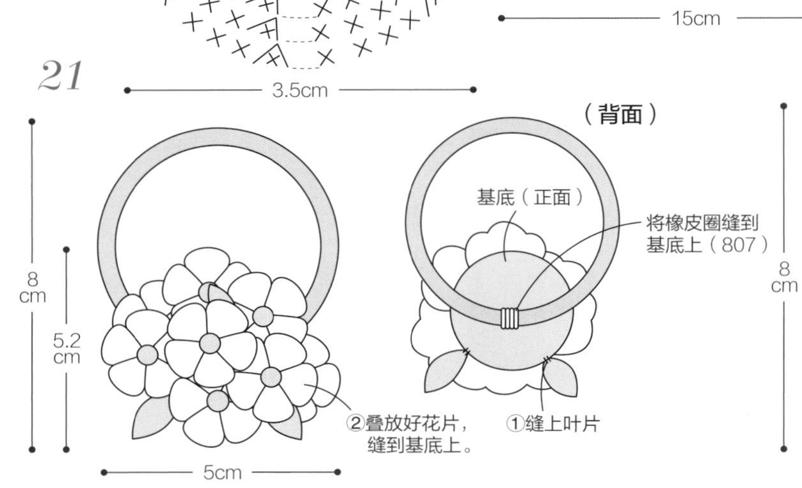

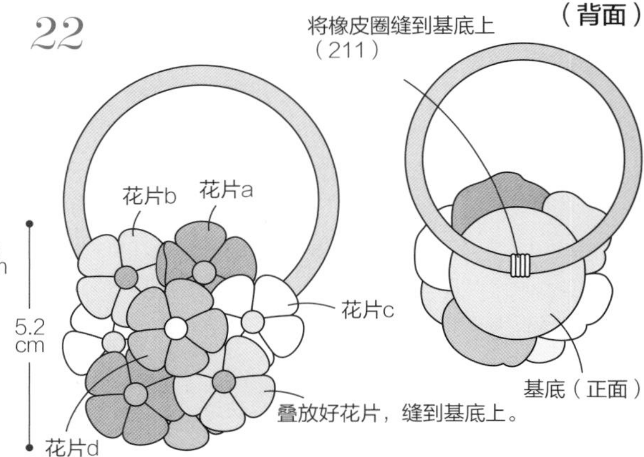

Part 2 北欧主题

在这一部分，
收集了当前颇具人气的北欧主题。
只要一佩戴在身上，
整个人感觉都变时髦了呢！

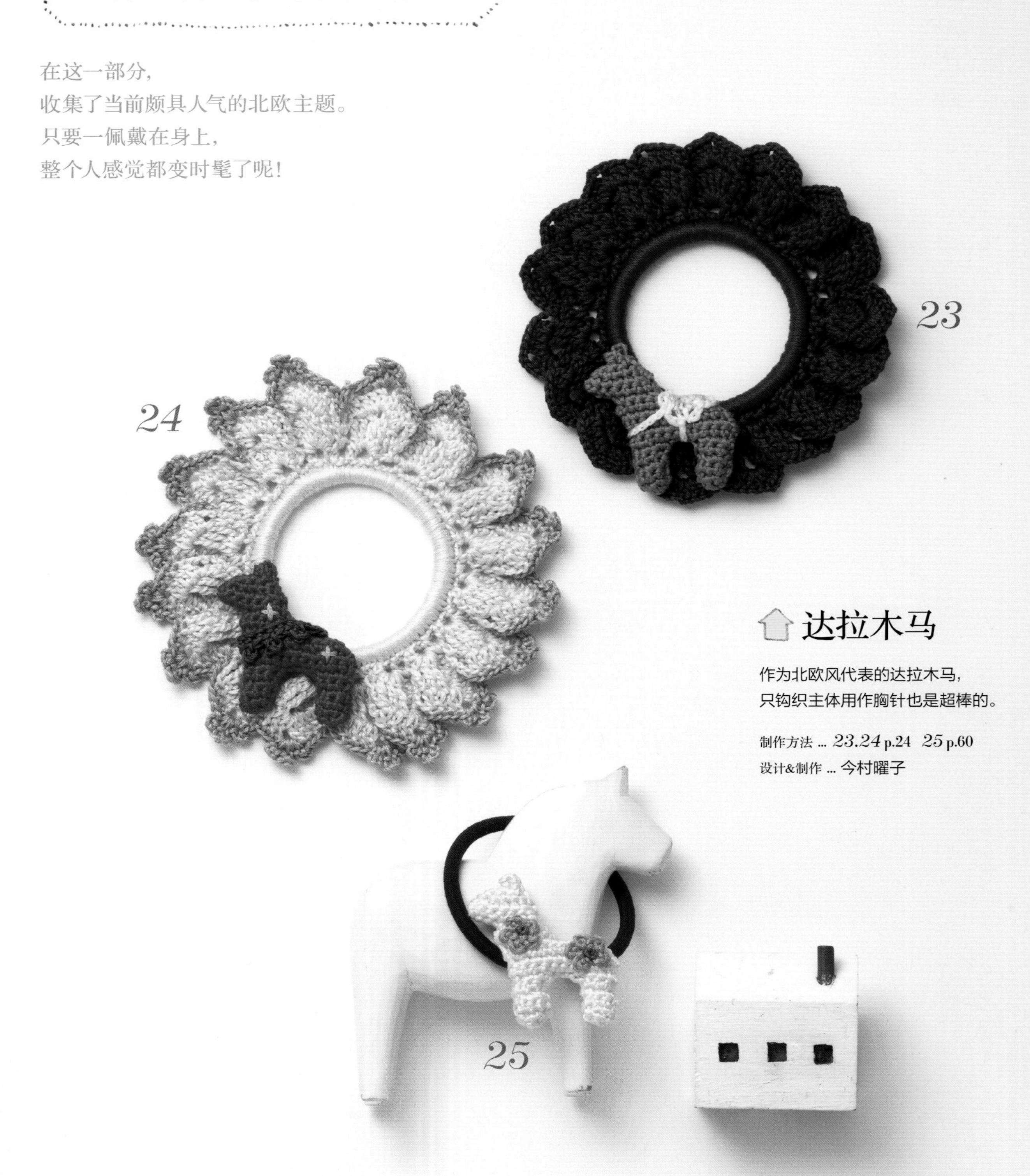

达拉木马

作为北欧风代表的达拉木马，
只钩织主体用作胸针也是超棒的。

制作方法 ... 23.24 p.24　25 p.60
设计&制作 ... 今村曜子

小鸟

不论在哪都可以听到婉转可爱的啼叫声的小鸟们。
用北欧色彩钩织的话也是别有一番风味的呢。

制作方法 ... 26.27.28 p.25　29 p.60
设计&制作 ... 今村曜子

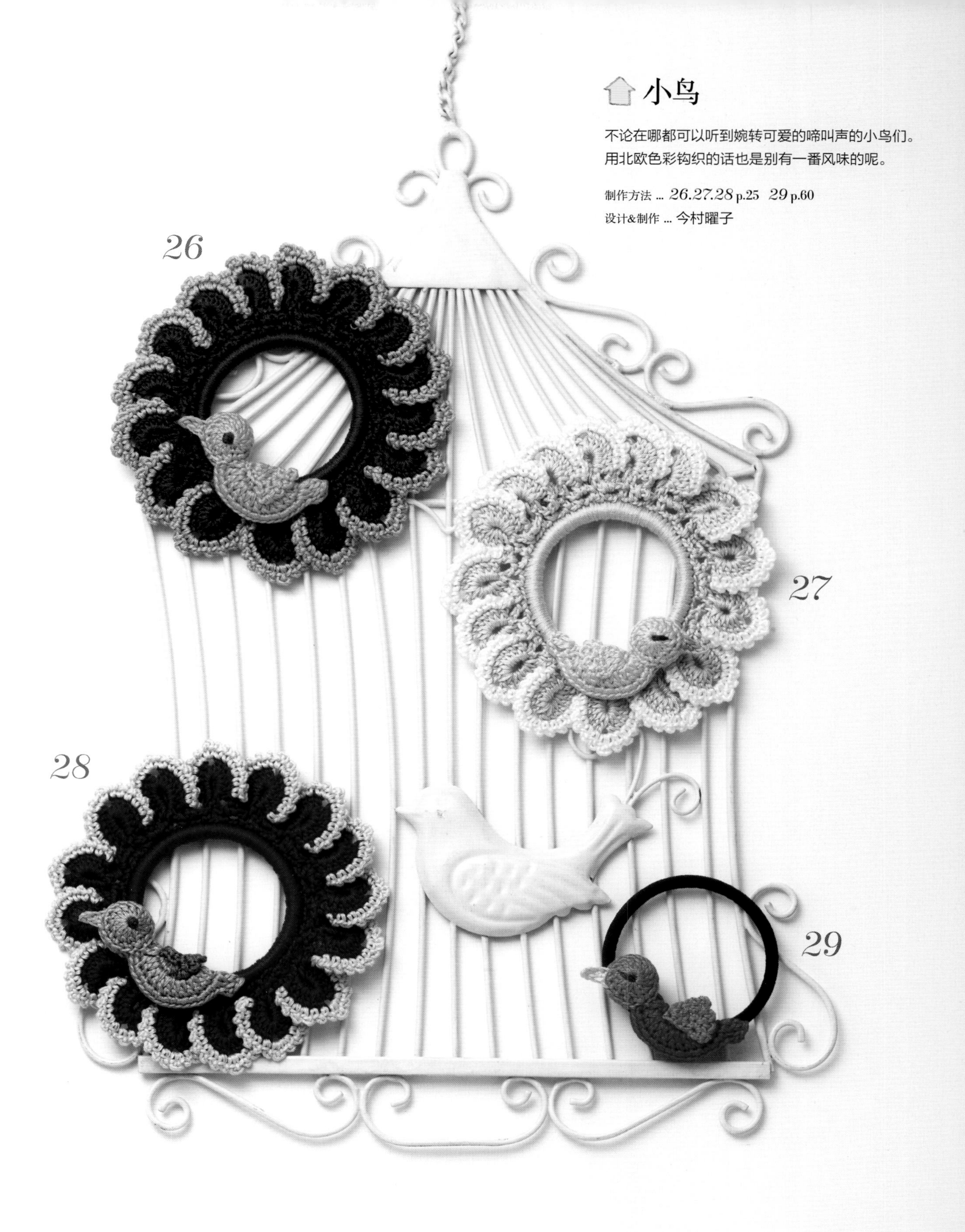

◎材料

【线】 DMC 25号刺绣线

23 茶色系801 3.5支、蓝色系3844 1支、绿色系955 0.5支、白色系3865 少量

24 茶色系721 3.5支、437 1.5支、红粉色系349 1支、绿色系699 0.5支、3348 少量

【钩针】 蕾丝针0号

【橡皮圈】 直径5.5cm、截面直径0.4cm（茶色）

【其他】 少量填充棉

【成品尺寸】 23 直径11cm、24 直径13cm

◎钩织方法

1 钩织达拉木马和装饰品 作品23·24通用

钩2片木马。钩织作品23的马鞍装饰，钩织作品24的罩网。

2 组合达拉木马

将2片织片重叠，用卷针沿着轮廓缝合。缝合过程中塞入填充棉，将2片耳朵错开缝合。

23 将放上马鞍装饰，将系带a、系带b绕到后侧与马鞍装饰缝合。

24 把罩网从前往后绕上，在后侧缝合，绣十字绣。

3 钩织发圈主体并组合 作品23·24通用

钩102针短针包织橡皮圈钩织主体，接着作品23钩3圈花样、作品24钩4圈花样。在主体第1圈的头针处缝上达拉木马。

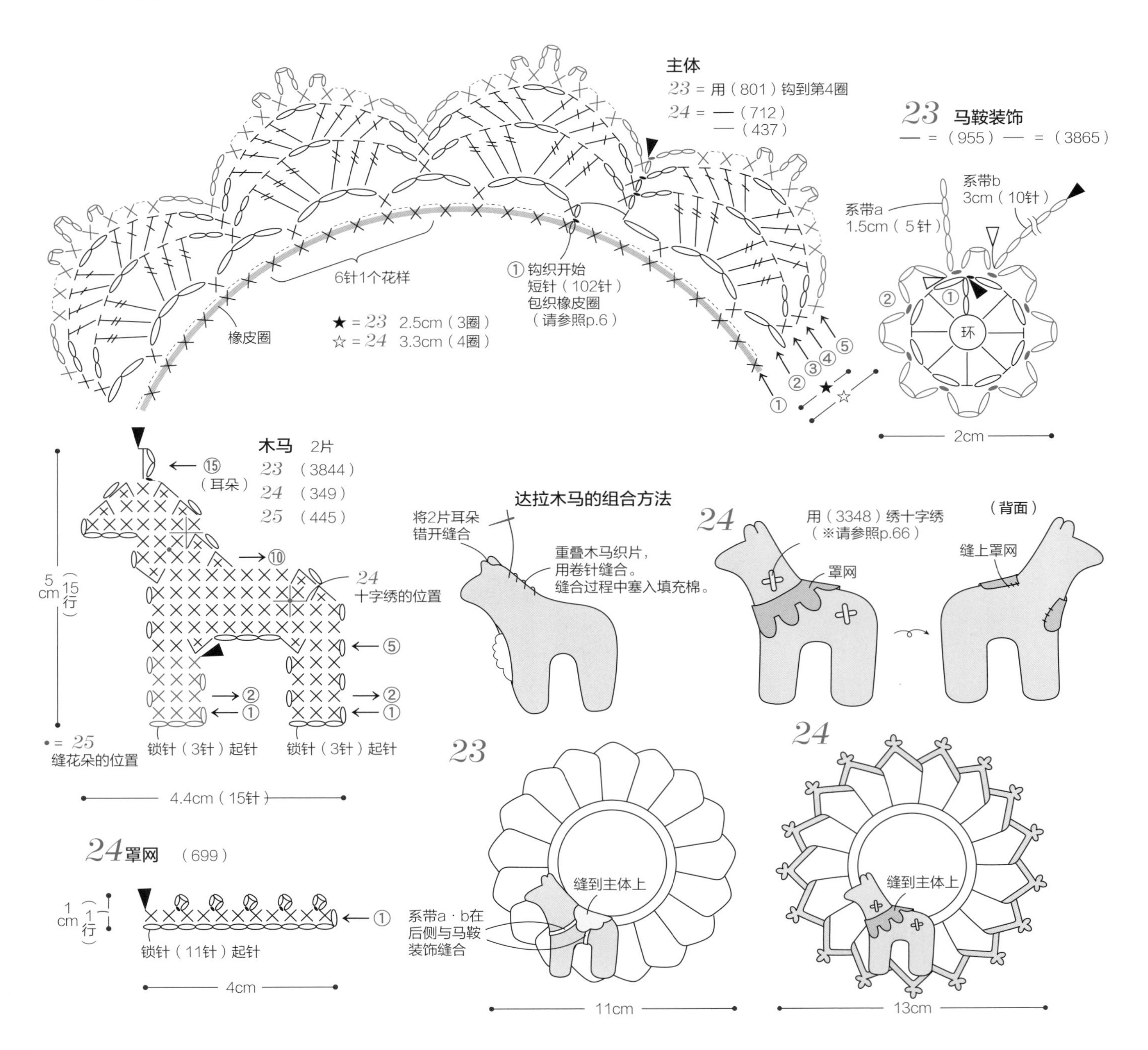

26, 27, 28 作品展示 ... p.23

◎材料

【线】 DMC 25号刺绣线

26 绿色系3345 3支、绿色系3348 1.5支、蓝色系3846 1支、黄色系728 · 绿色系844 少量

27 蓝色系162 3支、白色系3865 1.5支、黄色系744 1支、黄色系728 · 绿色系844 各少量

28 红粉色系814 3支、茶色系739 1.5支、绿色系368 1支、绿色系987 · 绿色系844 · 黄色系728 少量

【钩针】 钩针2/0号

【橡皮圈】 直径5.5cm、截面直径0.4cm（茶色）

【其他】 少量填充棉

【成品尺寸】 直径12.5cm

◎钩织方法

1 钩织主体

钩96针短针包织橡皮圈，接着钩3圈花样。

2 钩织小鸟

钩2片头部，在其中1片缝上鸟喙。身体部分在最后一行钩织鸟尾，钩1片。钩1片翅膀。

3 组合小鸟

组合身体 · 头部，身体部分插入头部后缝合。缝上翅膀，眼睛部分作品*26*绣法式结、作品*27*绣直线绣来完成。

4 与发圈组合

在主体第1圈的头针处缝上小鸟。

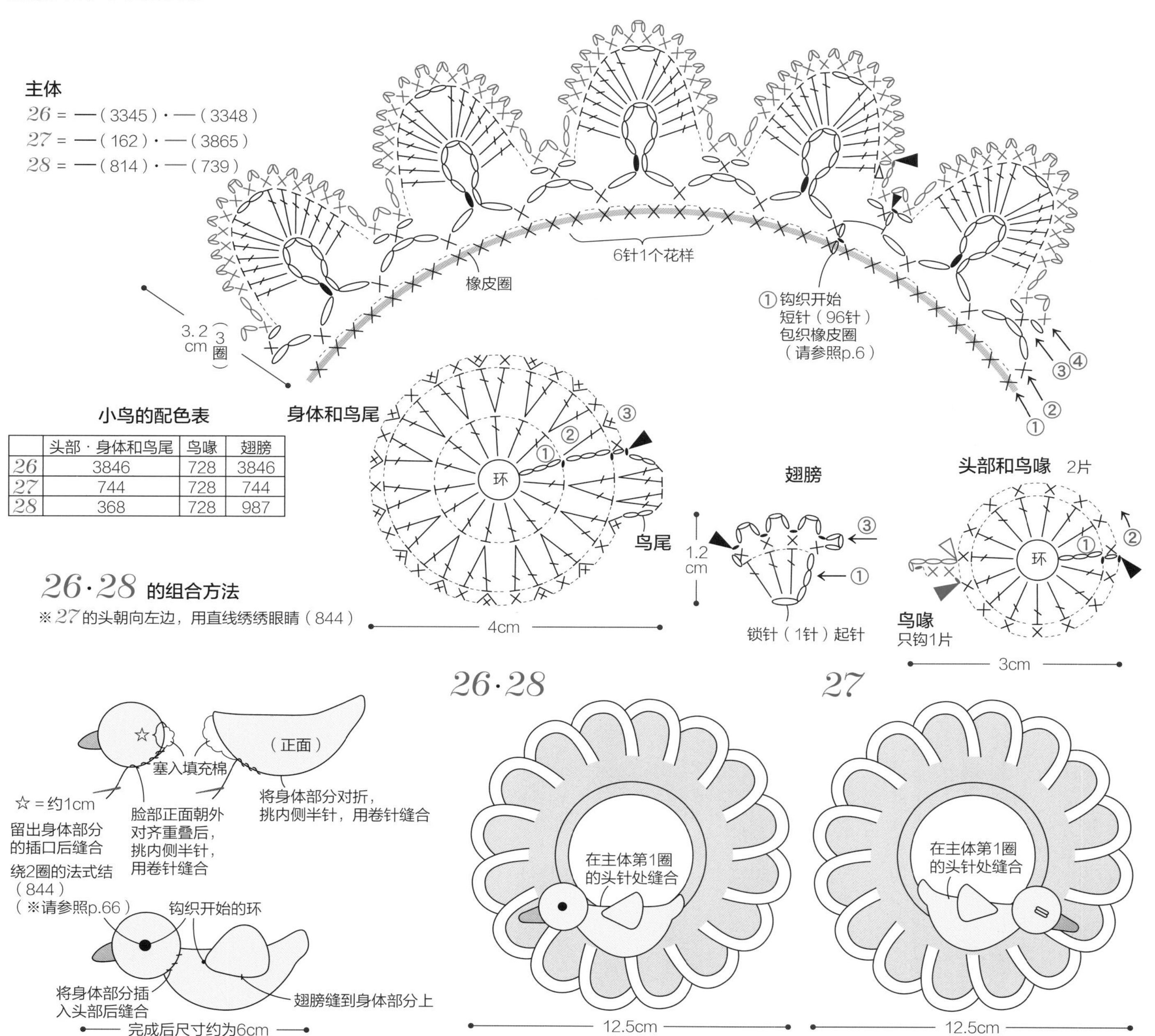

小鸟的配色表

	头部 · 身体和鸟尾	鸟喙	翅膀
26	3846	728	3846
27	744	728	744
28	368	728	987

30 *31* *32*

房子

屋顶颜色丰富的小房子和门窗齐全的大房子。
创造属于自己的童话世界般可爱的房子吧!

制作方法... *30.32* p.28 *31* p.61
设计&制作 ... 冈麻里子

热气球

圆鼓鼓的可爱热气球，
不同的颜色组合，给人的
观感也会带来强烈变化。

制作方法... p.29
设计&制作 ... 冈麻里子

33　　34

◎材料

【线】 DMC 25号刺绣线

30 茶色系898 · 白色系712 各1.5支、茶色系975 1支、黄色系3045 0.5支、红粉色系335 · 紫色系553 · 黄色系726 · 绿色系907 · 茶色系977 · 蓝色系3760 各120cm

32 白色系ECRU 2.5支、红粉色系350 · 绿色系924 · 黄色系972 · 茶色系977 各0.5支、蓝色系828 150cm

【钩针】 钩针2/0号

【橡皮圈】 直径5.5cm、截面直径0.4cm（茶色）

【其他】 少量填充棉

【成品尺寸】 30 直径11cm、32 10cm×12cm

◎钩织方法　作品30·32通用

1 钩织房子

钩织作品30的房子a~f、作品32的主体前侧和后侧，正面朝外对齐重叠，将2织片一起挑起缝合边缘。在缝合过程中塞入少量的填充棉。

2 在作品32的房子a、房子b上刺绣。

3 钩织主体

参照作品34（p.29）用80针短针包织橡皮圈，接着钩3圈花样。

4 完成发圈

30将主体6等分，在第1圈的头针处缝上屋顶的顶端。

32在屋顶的线圈位置穿线钩8针锁针。钩针从针脚中抽出，将锁针穿过主体第2圈的短针，针上重新挂线之后在屋顶穿线的针脚里引拔，将房子缝到主体上（请参照p.58）。

30·31 房子 前侧 · 后侧 各1片

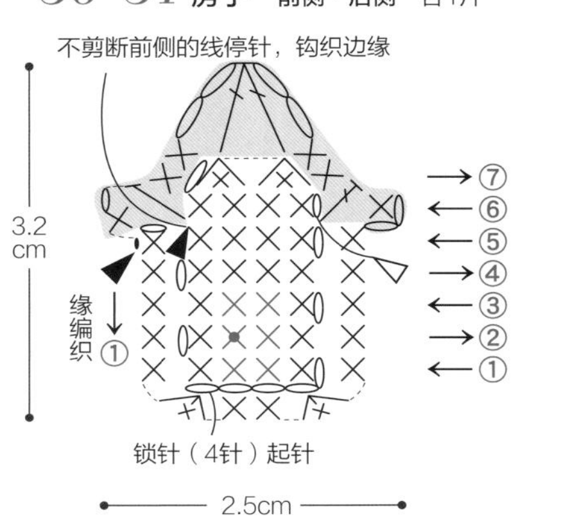

32 房子 前侧 · 后侧 各1片

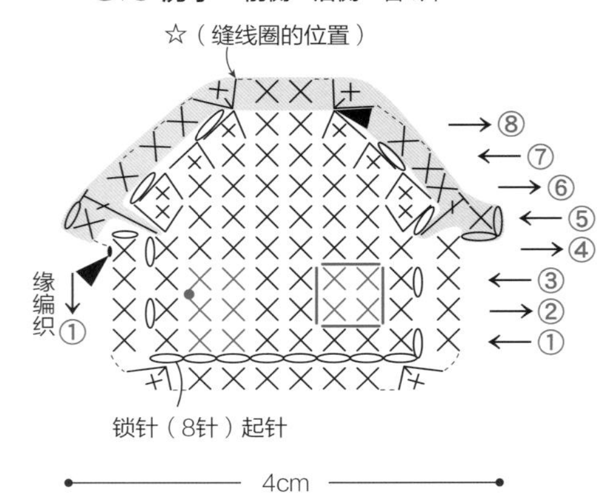

32
● = 法式结（绕1圈）
— = 直线绣
※刺绣请参照p.66

32 房子（后侧）的配色表

		第1~4行	第5~8行
32	a	977	924
	b	972	350

房子（前侧）的配色表

		第1~3行	第4行	第5~8行	缘编织	线圈 · 刺绣
32	a	—（977） —（828）	977	924	—（977） ▬（924）	350
	b	—（972） —（828）	972	350	—（972） ▬（350）	924

30 房子（前侧）的配色表

		第1~3行	第4 · 5行	第6 · 7行	缘编织
30	a	—（712） —（3045）	（712）	907	—（712）▬（907）
	b			726	—（712）▬（726）
	c			553	—（712）▬（553）
	d			977	—（712）▬（977）
	e			3760	—（712）▬（3760）
	f			335	—（712）▬（335）

30 房子（后侧）的配色

		第1~5行	第6 · 7行
30	a	（712）	907
	b		726
	c		553
	d		977
	e		3760
	f		335

主体

钩织方法请参照34（p.29）

配色

30 — =（898）
　 — =（975）

32 —·—（ECRU）

30

d　c　e　缝上　b　f　a

12 cm

10cm

11cm

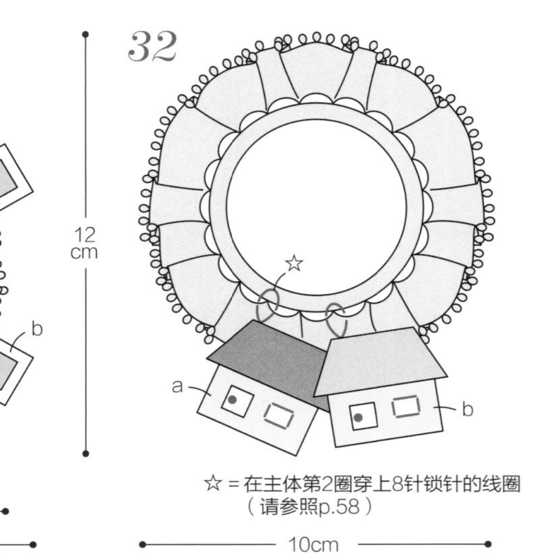

☆ = 在主体第2圈穿上8针锁针的线圈（请参照p.58）

◎材料

【线】 DMC 25号刺绣线

33 红粉色系350 · 黄色系746 · 绿色系924 各1支、茶色系977 0.5支、蓝色系828 150cm

34 蓝色系747 2.5支、茶色系433 · 蓝色系828 · 绿色系964 各1支、紫色系553 · 黄色系676 · 972 · 茶色系977 · 红粉色系3608 · 蓝色系3760 各0.5支、黄色系726 · 745 · 746 各140cm、绿色系907 130cm

【钩针】 钩针2/0号

【橡皮圈】 直径5.5cm、截面直径0.4cm（茶色）

【其他】 少量填充棉

【成品尺寸】 33 7cm×10.5cm、34 11.5cm×14cm

◎钩织方法

1 钩织并组合热气球 作品33 · 34通用

将2片气球正面朝外对齐重叠，沿着轮廓将2织片一起挑起钩织边缘。钩织过程中塞入填充棉（请参照p.58）。

2 与橡皮圈进行组合 只适用于作品33

在热气球反面●标记处（线圈的位置）穿线钩8针锁针，穿过橡皮圈，在穿线的针脚里引拔，将热气球缝到橡皮圈上。

3 钩织主体 只适用于作品34

钩80针短针包织橡皮圈，接着钩3圈花样。

4 组合发圈

在热气球反面●标记处（线圈的位置）穿线钩8针锁针。钩针从针脚中抽出，将锁针穿过主体第2圈的短针，针上重新挂线之后在穿线的针脚里引拔，将房子缝到主体上（请参照p.58）。

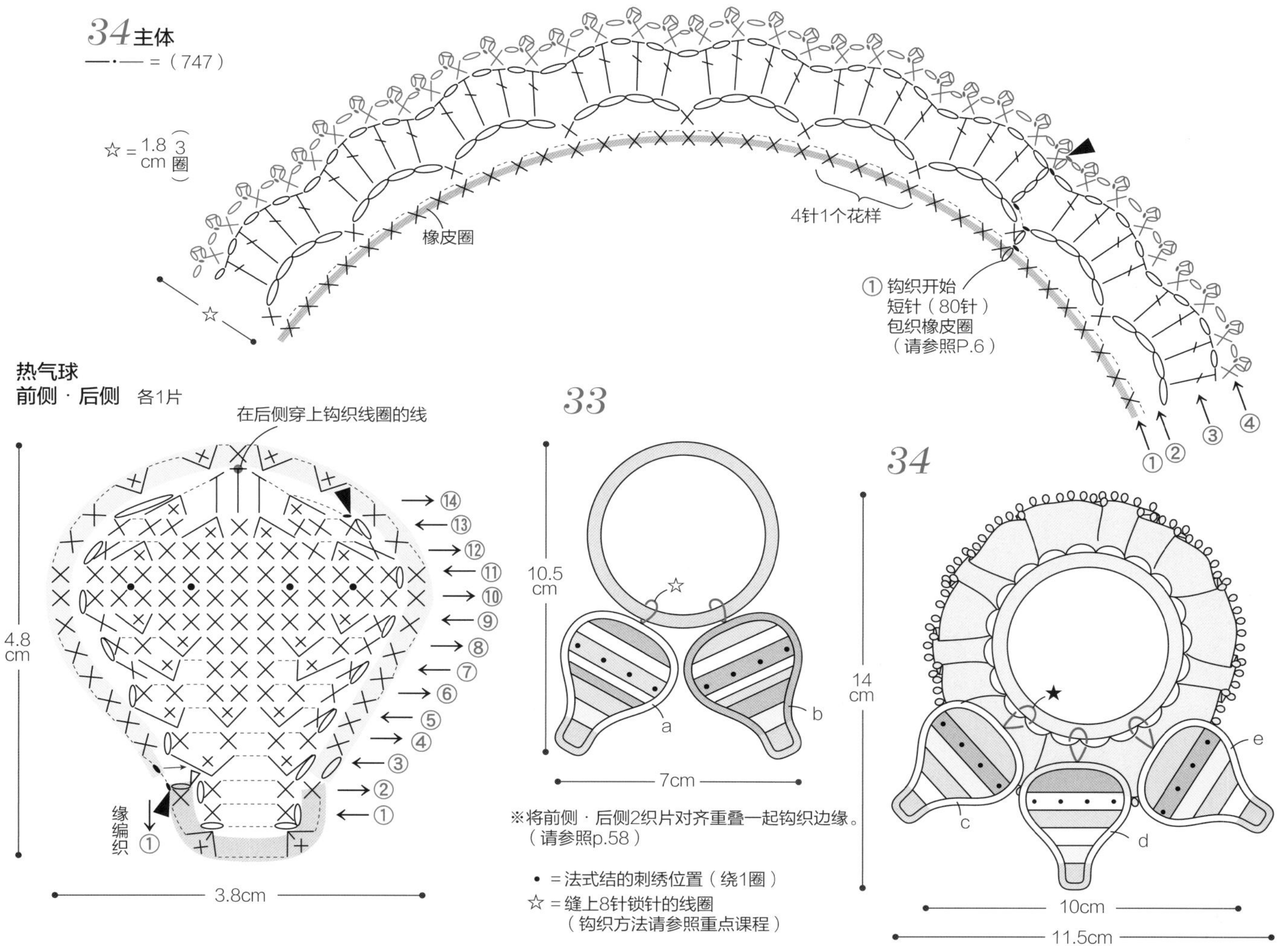

★ = 在主体第2圈穿上8针锁针的线圈（请参照p.58）

热气球的配色表

		第1 · 2行	第3 · 4行	第5 · 6行	第7行	第8行	第9 · 10行	第11 · 12行	第13 · 14行	缘编织	线圈	刺绣
33	a	977	828	924	350	746	924	746	350	—（977）—（746）	746	350
	b	977	828	350	924	746	350	746	924	—（977）—（350）	350	746
34	c	433	828	726	964		553	977		—（433）—（828）	828	726
	d	433	828	745	907		964	3760		—（433）—（964）	828	745
	e	433	828	746	676		972	3608		—（433）—（676）	828	746

花与树

将北欧织物的花草树木融入可爱风的主题中。
即使是没有花茎和叶片的花朵也很好看哦。

制作方法 … *35.36.37* p.32
38.39 p.33
设计&制作 … 野口智子

35
T
CHOICE
T
CHOICE
M
38
39
36
37

◎材料

【线】 DMC 25号刺绣线

35 蓝色系3843 4支、黄色系973 0.7支、紫色系333 0.5支、绿色系910 少量

36 绿色系502 4.3支、绿色系3348 · 3349 · 茶色系543 各0.5支

37 蓝色系157 4支、红粉色系3609 1.2支、蓝色系820 0.5支

【钩针】 钩针2/0号

【橡皮圈】 直径5.5cm、截面直径0.4cm（茶色）

【成品尺寸】 35·37 直径10cm、36 10cm×12cm

◎钩织方法

1 钩织主体 作品35·36·37通用

钩89针短针包织橡皮圈，接着钩2圈花样。

2 钩织并组合主题花样 作品35·37通用

35 短针钩织1枚花片，在第4圈绣法式结。钩织花茎、叶片。

挑花茎第1行的内侧半针钩织花茎的第2行。在花茎的反面缝上叶片，在花片的反面缝上花茎。

37 按照和作品35相同的要领钩织花片，绣法式结。

3 钩织并组合树的花样

36 参照作品38（p.33）钩织。树叶（主体）a · b · c每个颜色各钩织2片。用卷针将a · b · c3片缝合在一起，制作2片主体。在主体上缝上树干。

4 组合发圈 作品35·36·37通用

在主体上缝上花样。

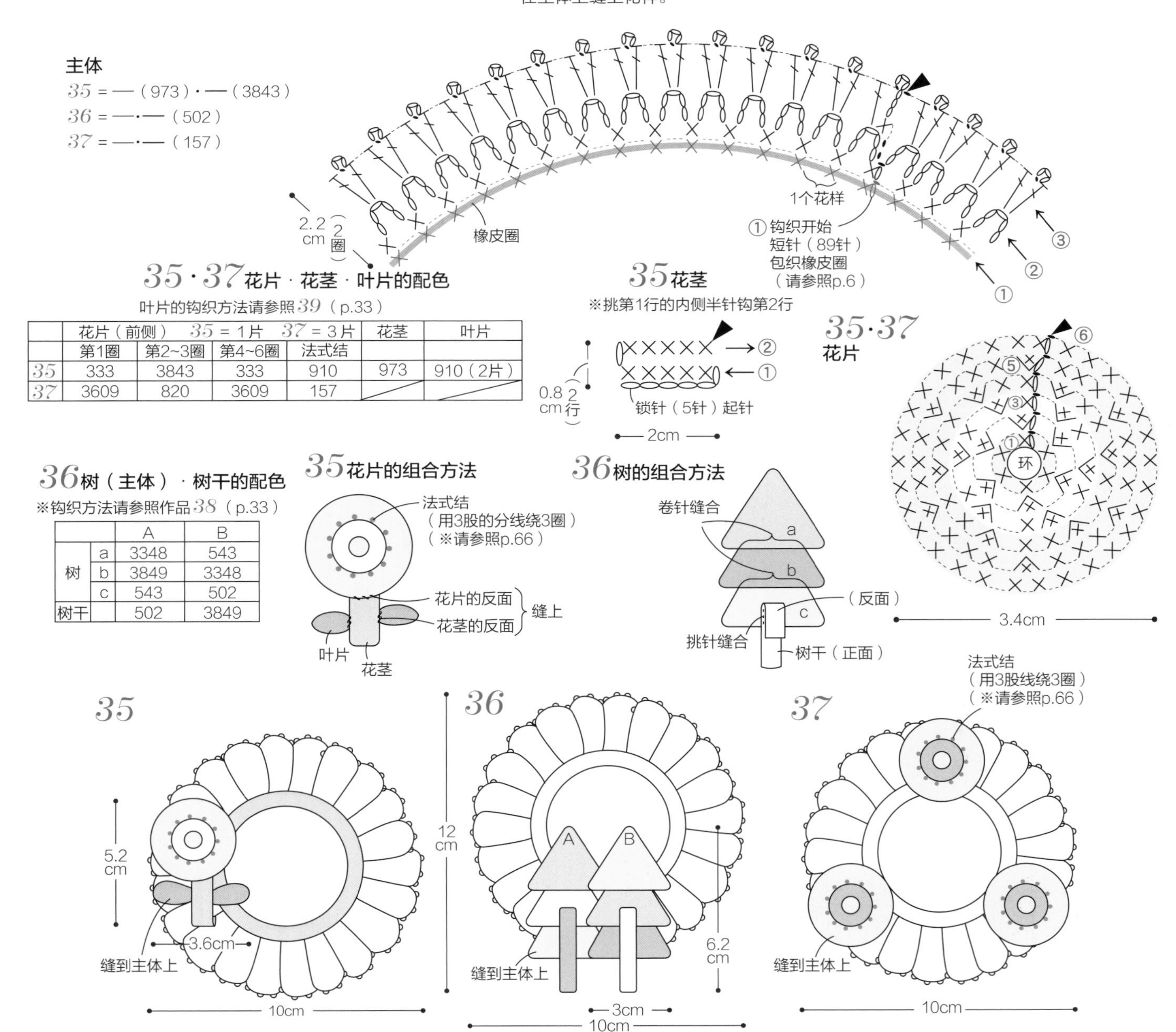

35·37花片·花茎·叶片的配色

叶片的钩织方法请参照39（p.33）

	花片（前侧） 35 = 1片 37 = 3片				花茎	叶片
	第1圈	第2~3圈	第4~6圈	法式结		
35	333	3843	333	910	973	910（2片）
37	3609	820	3609	157		

36树（主体）·树干的配色

※钩织方法请参照作品38（p.33）

		A	B
树	a	3348	543
	b	3849	3348
	c	543	502
树干		502	3849

◎材料

【线】 DMC 25号刺绣线

38 红粉色系351 0.6支、红粉色系818・绿色系3808・黄色系3821 各0.5支

39 橘色系3854 1.2支、蓝色系336・绿色系598・白色系762 各0.5支

【橡皮圈】 直径5.5cm、截面直径0.4cm（茶色）

【成品尺寸】 38 3cm×9.5cm、39 3.6cm×9cm

◎钩织方法

38

1 钩织并组合树的花样

树叶（a・b・c）各钩织2片，用卷针缝合（请参照作品36 p.32），制作2片。钩织2片树干。将2片主体重叠沿着轮廓用卷针缝合。将2片树干重叠，树根一侧用卷针缝合，在缝合过程中夹住树叶主体，逐片在主体上缝合。

39

2 钩织并组合主题花样

参照作品35・37（p.32）分别钩织花片前侧和后侧各1片，花茎、花叶各2片。在主题花样的前侧绣法式结。将2片花茎重叠，沿着轮廓用卷针缝合，在两侧缝上叶片。
花茎插入花片的缝隙中拼合主题花样，用挑前侧・后侧的内侧半针的卷针缝合。（请参照p.6）。

3 与橡皮圈组合 作品38・39通用

在主题花样的反面缝上橡皮圈。

38 树（主体）・树干的配色和片数

		配色	片数
树	a	351	各2片
	b	3821	
	c	818	
树干		3808	

39 花片・花茎・花叶的配色

※花片（前侧）・花茎的钩织方法请参照作品35・37（p.32）
※花片后侧用（3854）钩织1~6圈

花片（前侧）				花茎（2片）	叶片（2片）
第1圈	第2~3圈	第4~6圈	法式结		
3854	762	3854	598	336	598

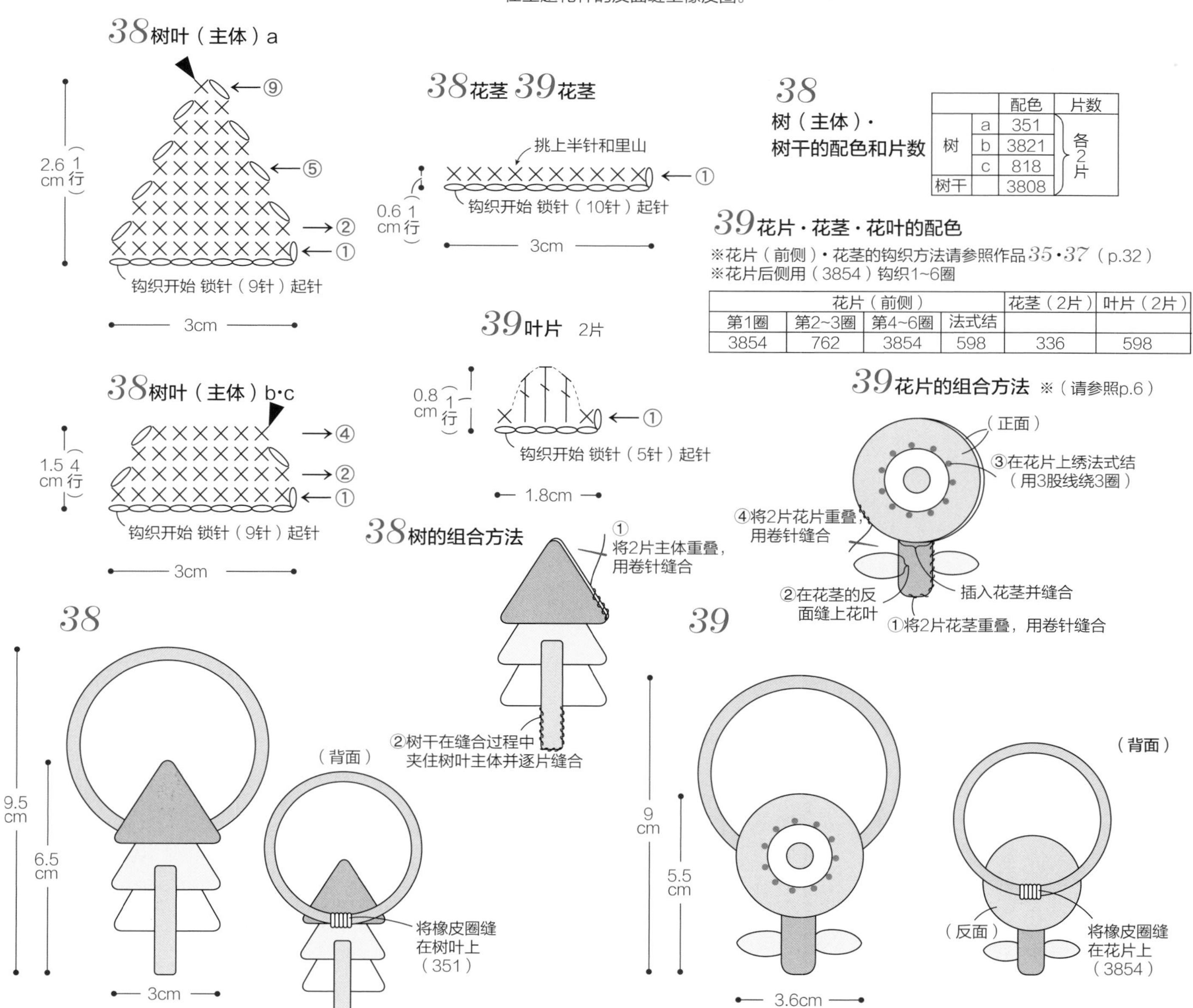

Part 3 几何花样

在这一部分，
将介绍由○・△・□组合而成的发饰。
明亮又可爱的不同配色，
带来意想不到的观感哦。

圆形·三角形·方形

用织片表现3种形状。
镶嵌着仿佛金平糖一样的小小花样。

制作方法 ... *40.41* p.36 *42.43.44* p.37

设计&制作 ... 池上舞

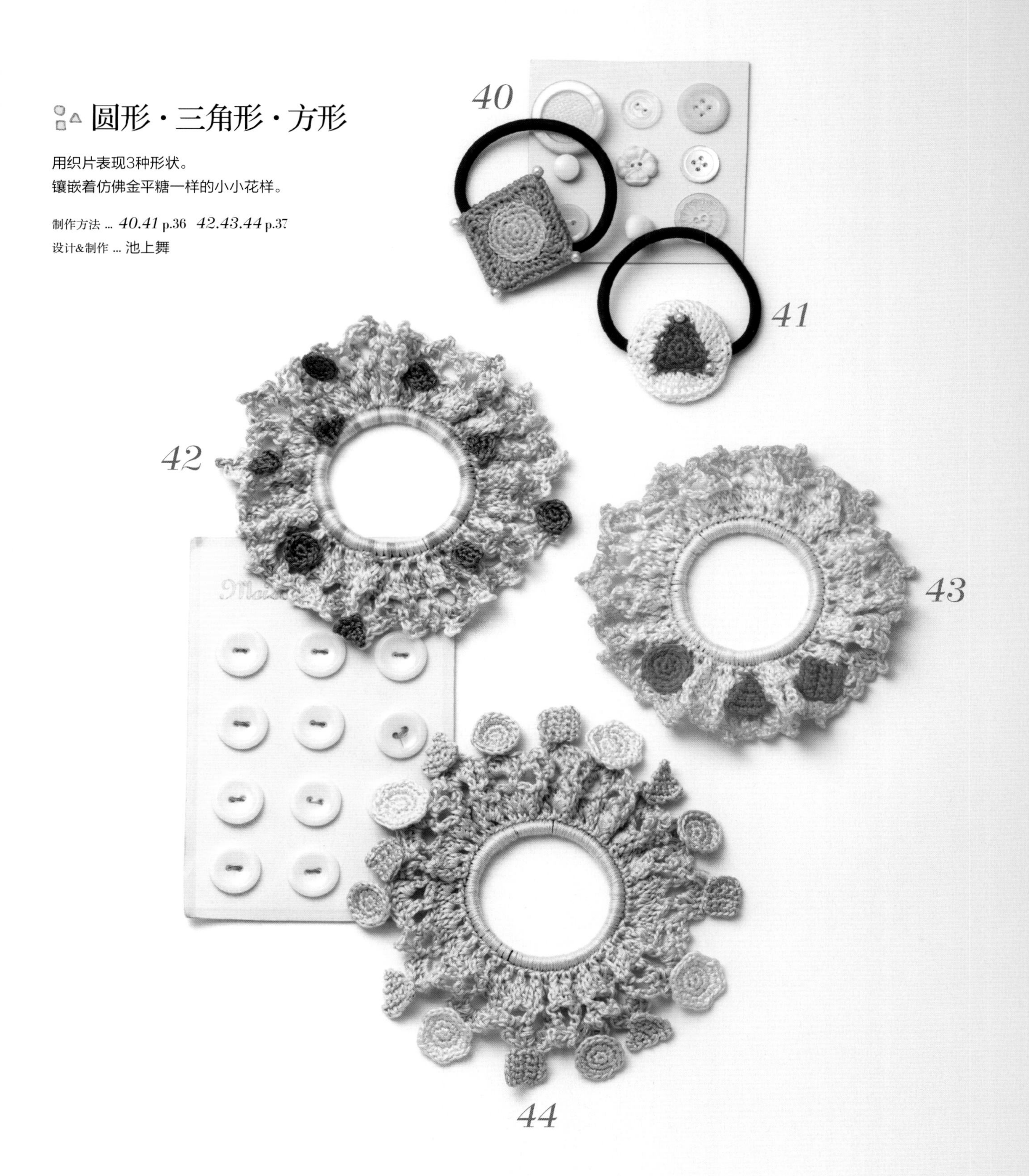

◎材料

【线】 DMC 25号刺绣线

40 蓝色系996 1.5支、黄色系726 0.5支

41 白色系BLANC 1支、红粉色系602 0.5支

【钩针】 钩针2/0号

【橡皮圈】 直径5.5cm、截面直径0.4cm（茶色）

【其他】 直径0.4cm的珍珠串珠 *40* 准备4个、*41*准备3个

【成品尺寸】 *40* 5.5cm×7cm、*41* 5.5cm×6.8cm

◎钩织方法

1 钩织主题花样

40 以环形起针作为钩织开始，用黄色系的线钩到第4圈，第5圈换上蓝色系的线钩条纹针，第6圈继续用蓝色系的线钩织。钩2片，正面朝外对齐重叠，逐针（996）用卷针缝合，在织片间夹住橡皮圈缝合。

41 以环形起针作为钩织开始，用红粉色系的线钩到第3圈，第4圈换上白色系的线钩条纹针。钩2片，正面朝外对齐重叠，用白色系的线逐针用卷针缝合，在织片间夹住橡皮圈缝合。

2 缝上珍珠串珠后完成制作

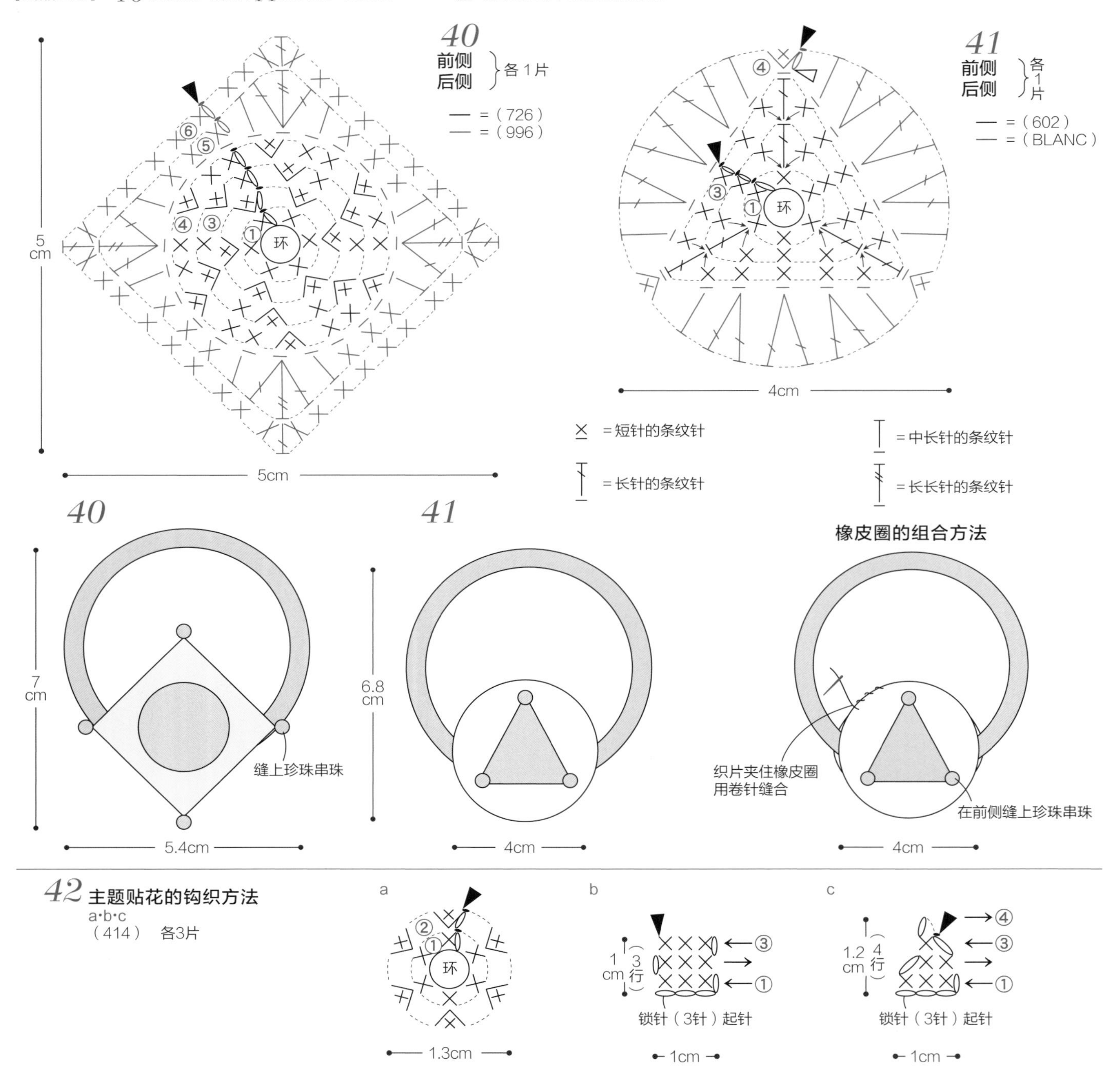

42, 43, 44 作品展示 ... p.35

◎材料

【线】 DMC 25号刺绣线

42 渐变绿色4040 4支、灰色系414 0.5支

43 黄色系746 3支、黄色系726橘色系・947 各1支

44 蓝色系162 4支、黄色系3078 1.5支、紫色系211・红粉色系605・绿色系955 各0.5支

【钩针】 钩针2/0号

【橡皮圈】 直径5.5cm、截面直径0.4cm（茶色）

【成品尺寸】 *42* 直径12.8cm、*43* 直径12cm、*44* 直径14.8cm

◎钩织方法

1 钩织主体

钩90针短针包织橡皮圈，接着钩4圈花样。

2 钩织主题贴花

按照配色分别钩织指定片数的三角形、方形、圆形、六角形花样。

3 在主体上缝上主题贴花完成发圈制作

42 均匀分布贴花，将贴花的中心缝到主体上。

43 将3片贴花缝在主体的指定位置（标记●）。

44 将贴花a~d反面的中心缝在主体的狗牙针（第4圈）处。a~d重复缝4组，最后的贴花d缝在主体的5针锁针（第4圈）的线圈上。

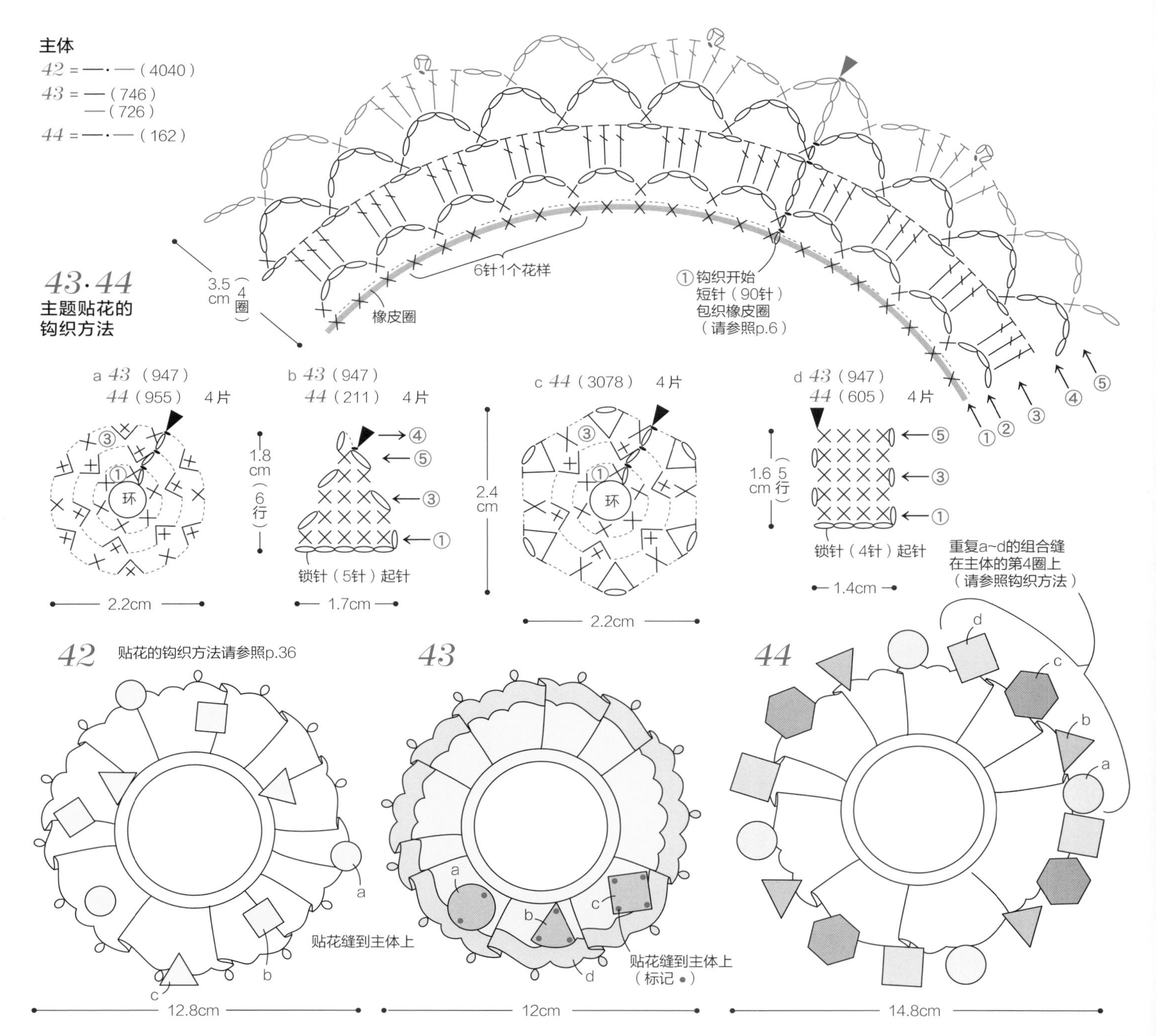

编织环

编织环是仅仅依靠包织就可以做出漂亮形状的美妙事物。
钩织过程中替换颜色的话会有不一样的观感哦。

制作方法 ... *45.46* p.40 *47.49* p.41 *48* p.61
设计&制作 ... 池上舞

45
48
49
46
47

◎材料

【线】 DMC 25号刺绣线

45 蓝色系312 3支、灰色系318 1.5支、白色系3756 · 银色E415 各0.5支

46 黄色金丝线E746 4支、绿色系964 · 紫色系211 各1支、金色E3821 0.5支

【钩针】 钩针2/0号

【橡皮圈】 直径5.5cm、截面直径0.4cm（茶色）

【其他】 HAMANAKA 编织环/45 水滴形（H204-604）· 三角形20mm（H204-597-20）· 圆形20mm（H204-588-21）各2个 46 水滴形（H204-604）· 三角形20mm（H204-597-20）· 方形（H204-598-20）各2个

【成品尺寸】 45 11.6cm×19.2cm、46 直径14cm

◎钩织方法

1 钩织主体a、b 作品45 · 46通用

按照主体a、主体b的顺序钩织主体。主体a用96针短针包织橡皮圈，第2圈在第1圈的外侧半针处挑针钩织，接着钩3 · 4圈的花样。挑主体a第1圈的内侧半针钩织主体b。

2 钩织主题花样

45 短针包织圆形、三角形、水滴形的编织环各2个，在连接点的2个针脚处用卷针缝合。

46 短针包织三角形、方形的编织环各2个，水滴形的编织环4个。

3 组合发圈

45 在主体b短针的反面（底部半针）将主题花样的外侧半针（2针）缝合。

46 在主体b短针的顶部半针处用相同颜色的线缝上花样。

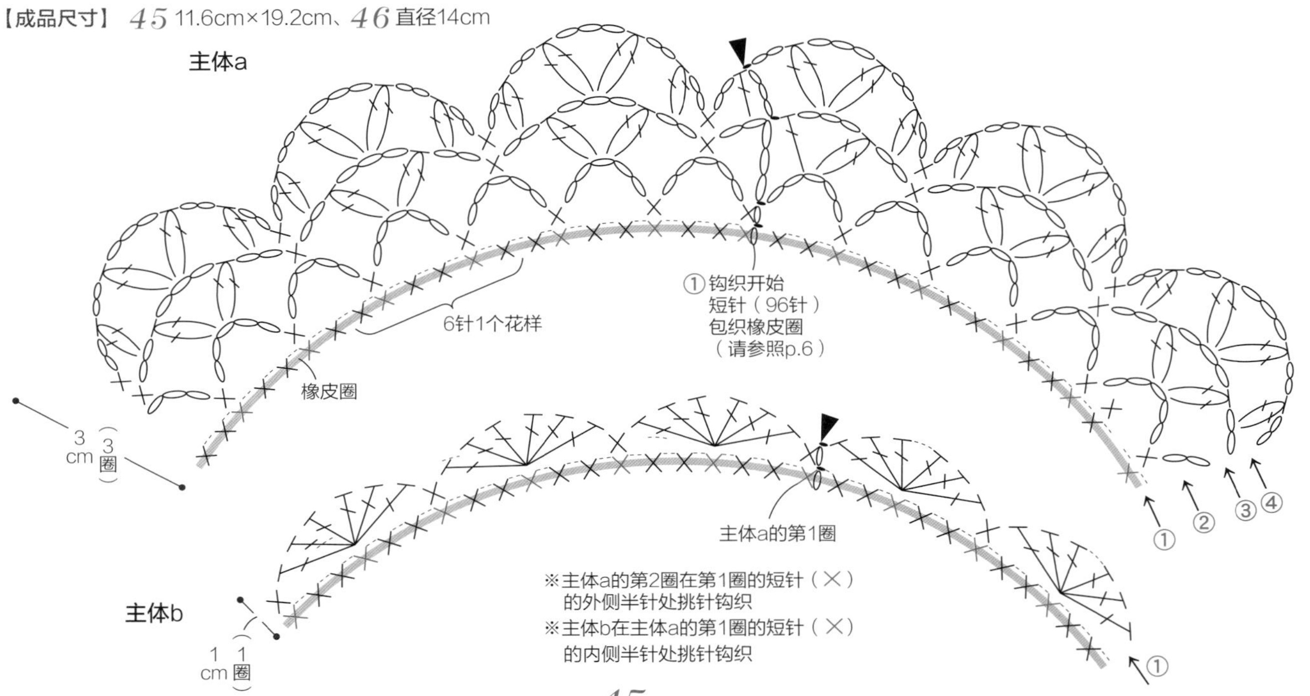

主体的配色表

	主体a				主体b
	第1圈	第2圈	第3圈	第4圈	第1圈
45	312				318
46	964	E746	964	E746	E746

编织环花样的配色表和个数

※钩织方法请参照47 · 49（p.41）

	圆形	三角形	方形	水滴形
45	（E415）2个	（3756）2个		（318）2个
46		（E3821）2个	（E3821）2个	（211）4个

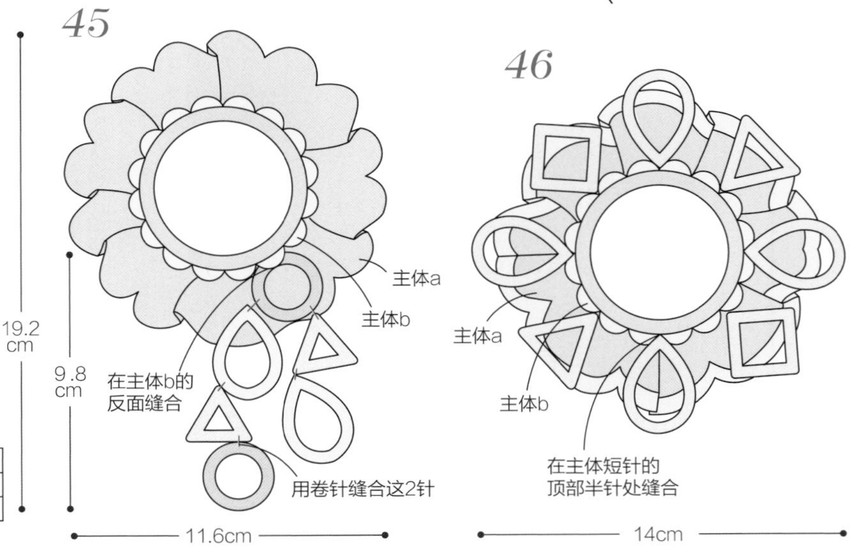

47, 49 作品展示 ... p.39

◎材料

【线】 DMC 25号刺绣线

47 渐变粉色4160 4.5支、白色系BLANC · 红粉色系602 · 605 · 3706 各0.5支

49 蓝色系3761 1.5支、银色E415 0.3支

【钩针】 钩针2/0号

【橡皮圈】 直径5.5cm、截面直径0.4cm（茶色）

【其他】 HAMANAKA 编织环/*47* 水滴形（H204-604）· 三角形20mm（H204-597-20）· 方形（H204-598-20）· 圆形20mm（H204-588-21）各2个 *49* 三角形20mm（H204-597-20）· 方形（H204-598-20）· 长方形（H204-603）· 圆形20mm（H204-588-21）各2个 直径0.6cm的珍珠串珠3个

【成品尺寸】 *47* 直径14~16cm、*49* 7.6cm×13.3cm

◎钩织方法

1 钩织主体a、b

47 按照主体a、主体b的顺序钩织主体。主体a用96针短针包织橡皮圈，第2圈在第1圈的外侧半针处挑针钩织，接着钩3 · 4圈的花样。挑主体a第1圈的内侧半针钩织主体b。

2 制作编织环的花样

47 短针包织三角形、方形、水滴形、圆形的编织环各2个。

49 短针包织三角形、方形、长方形、圆形的编织环各2个。在钩织终点预留20cm线头作为缝线，剪断后参照花样的组合方法按照1 · 2的顺序进行组合。

3 完成

47 与发圈组合

在主体a短针的顶部半针处（每隔2个花样）用相同颜色的线缝上编织环。

49 与橡皮圈组合

将步骤2中组合完成的花样缝到橡皮圈上。

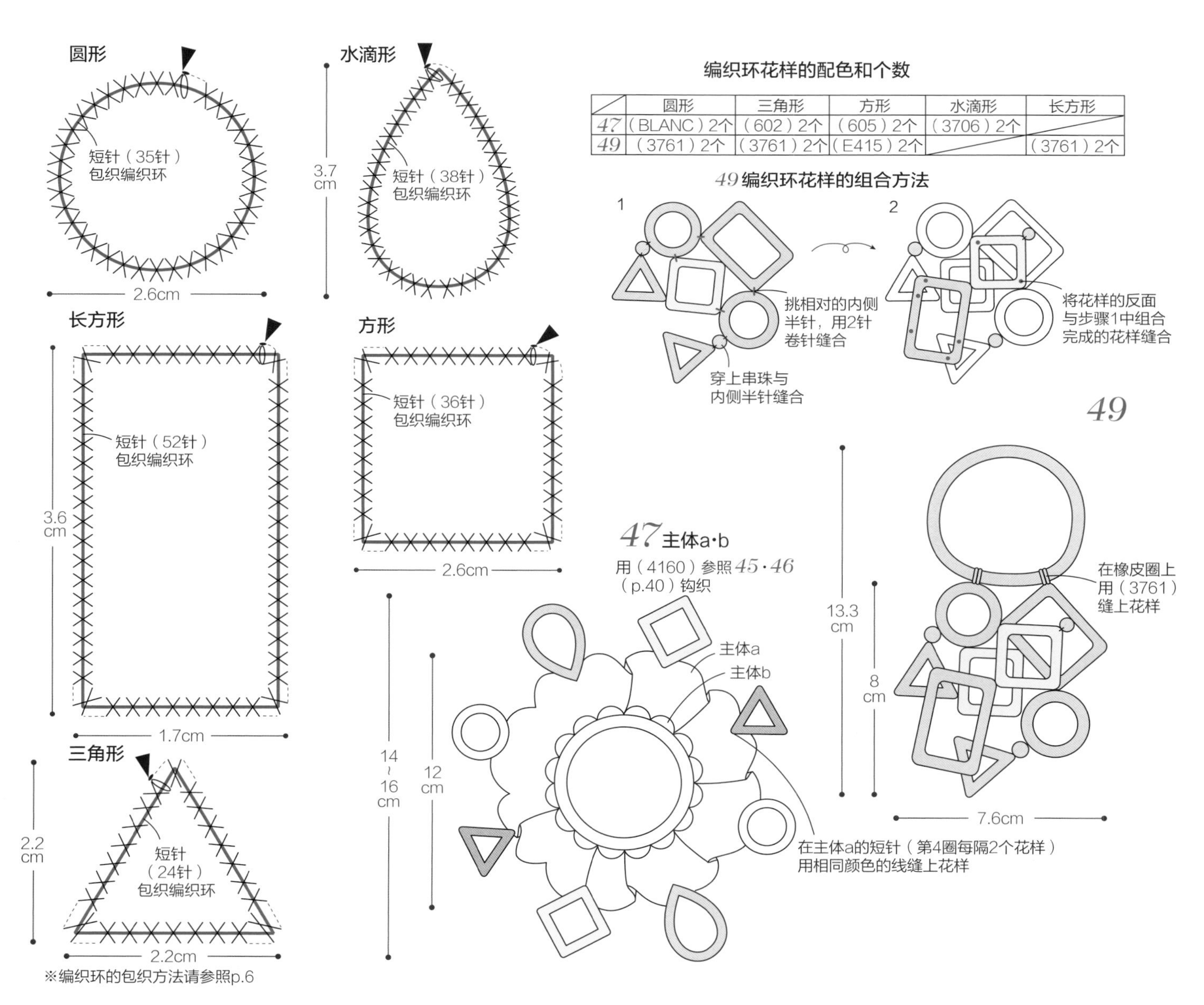

编织环花样的配色和个数

	圆形	三角形	方形	水滴形	长方形
47	（BLANC）2个	（602）2个	（605）2个	（3706）2个	
49	（3761）2个	（3761）2个	（E415）2个		（3761）2个

Part 4 动物

这部分有好多圆滚滚的小动物，
小羊、兔子、刺猬、猫咪等等。
低调的配色，
即使是大人也可以佩戴。

50

52

51

小羊

身形软软蓬蓬的小羊们，
在钩织主体的过程中将软蓬蓬的部分也一并钩织。
不同尺寸的成品都十分可爱。

制作方法 ... p.44
设计&制作 ... 今村曜子

兔子

每一只都有着微妙表情变化的小兔子们，
佩戴在小女孩的两条麻花辫上十分可爱。

制作方法 ... p.45
设计&制作 ... 今村曜子

50, 51, 52 作品展示 ... p.42 重点课程 ... p.58·59

◎材料

【线】 DMC 25号刺绣线

50 白色系3865 3.5支、644 1支、绿色系3021 0.5支、茶色系436 少量

51 蓝色系3808 3.5支、黄色系746 1支、茶色系437 0.5支、茶色系839 · 绿色系642 各少量

52 白色系ECRU 1支、642 0.5支、黑色310 · 茶色系839 各少量

【钩针】 蕾丝针0号

【橡皮圈】 直径5.5cm、截面直径0.4cm *50*（白色）、*51·52*（茶色）

【其他】 少量填充棉

【成品尺寸】 *50·51* 直径11.8cm、*52* 4.5cm×6.5cm

◎钩织方法

1 钩织小羊 作品50·51·52通用

在背部的第1·3·5·7·9行的每隔1针短针里钩5针锁针的狗牙针，在第2·4·6·8行将狗牙针的线圈往前翻折，钩短针（请参照p.58）。腹部用短针钩织。羊角的第1行挑上半针和里山钩织。

2 组合小羊

卷针缝合背部和腹部。缝上羊角。绣法式结作为眼睛（请参照p.66）。

3 钩织主体 作品50·51通用

钩102针短针包织橡皮圈，钩3圈花样（请参照p.59）。

4 完成

50·51 组合发圈。在主体上缝上小羊。

52 组合橡皮圈。在橡皮圈上缝上小羊。

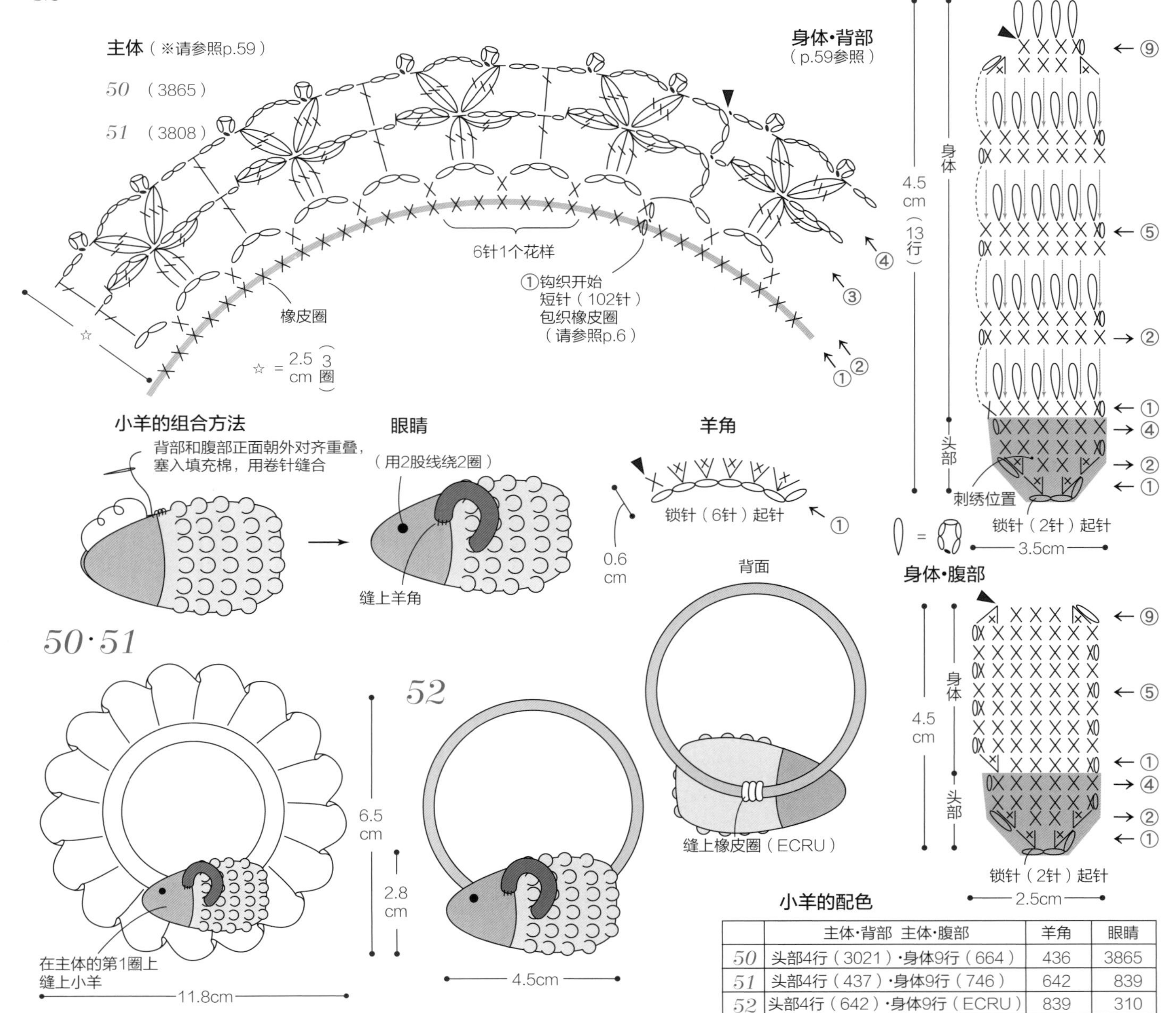

小羊的配色

	主体·背部 主体·腹部	羊角	眼睛
50	头部4行（3021）·身体9行（664）	436	3865
51	头部4行（437）·身体9行（746）	642	839
52	头部4行（642）·身体9行（ECRU）	839	310

◎材料

【线】 DMC 25号刺绣线

53 灰色系414 1支、白色系 3865 · 红粉色系605 各少量

54 红粉色系605 1支、红粉色系304 · 绿色系955 各少量

55 绿色系3787 3支、3024 1.5支、茶色系437 1支、茶色系839 · 橘色系721 各少量

56 绿色系722 3支、164 1.5支、白色系3865 1支、红粉色系304 · 603 各少量

【钩针】 蕾丝针0号

【橡皮圈】 直径5.5cm、截面直径0.4cm（茶色）

【其他】 少量填充棉

【成品尺寸】 53·54 5.5cm×8cm、55·56 直径11.5cm

◎钩织方法

1 钩织并组合兔子　作品53·54·55·56通用

钩织脸部、后脑各1片、身体2片。将脸部和后脑、2片身体正面朝外对齐重叠，用卷针缝合，塞入填充棉。头部和身体用卷针缝合。

2 在脸部刺绣　作品53·54·55·56通用

3 钩织主体（请参照p.62）　作品55·56通用

短针99针包织橡皮圈，接着钩4圈花样。

4 组合橡皮圈　作品53·54通用

在橡皮圈上缝上兔子。

5 组合发圈　作品55·56通用

在主体的第1圈的顶部半针处缝上兔子。

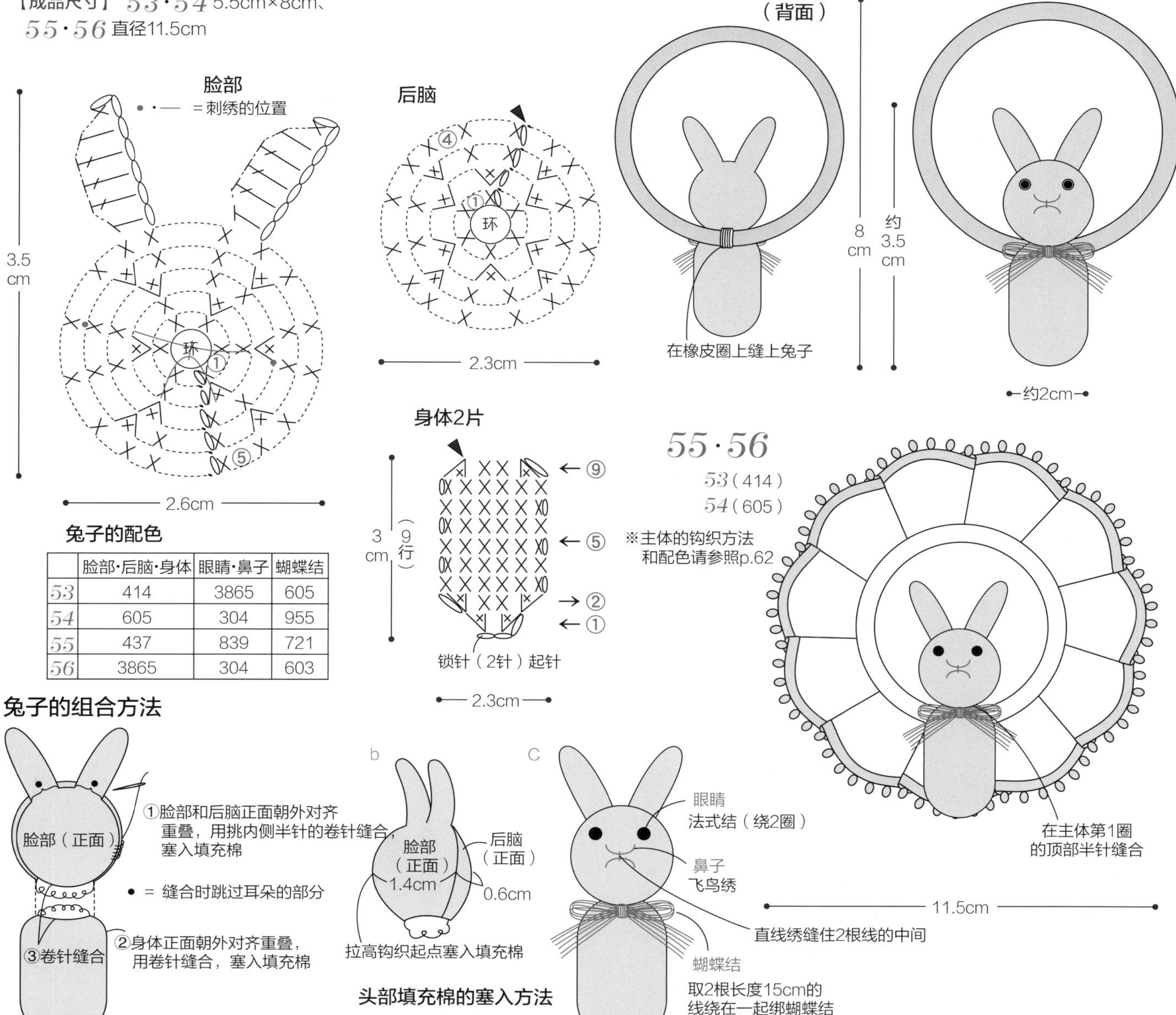

兔子的配色

	脸部·后脑·身体	眼睛·鼻子	蝴蝶结
53	414	3865	605
54	605	304	955
55	437	839	721
56	3865	304	603

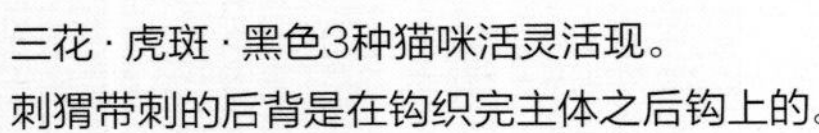

猫咪·刺猬

三花·虎斑·黑色3种猫咪活灵活现。
刺猬带刺的后背是在钩织完主体之后钩上的。

制作方法 ... *57* p.62 *58.59* p.48 *60.61* p.49
设计&制作 ... 松本薰

57
60
58
61
59

◎材料

【线】 DMC 25号刺绣线

58 红粉色系3722 3支、黑色310 1.5支、茶色系 3790 · 橘色系3854 各0.5支

59 黄色系3822 4支、白色系3865 1.5支、黑色 310 · 茶色系434 各0.5支

【钩针】 蕾丝针0号

【橡皮圈】 直径5.5cm、截面直径0.4cm（茶色）

【其他】 少量填充棉

【成品尺寸】 10cm×11.6cm

◎钩织方法

1 钩织主体

58 钩100针短针包织橡皮圈，接着钩3圈花样（主体b）。

59 第1圈用100针短针包织橡皮圈，从第2圈开始按照主体a、b的顺序钩织。主体a在第1圈的内侧半针处挑针钩2 · 3圈。主体b换上新的线，在第1圈剩下的外侧半针处挑针钩织2~4圈。

2 钩织并组合猫咪

按照符号图钩织猫咪的身体，参照p.59进行组合。作品59 缝上贴花。

3 在主体上缝上猫咪组合发圈

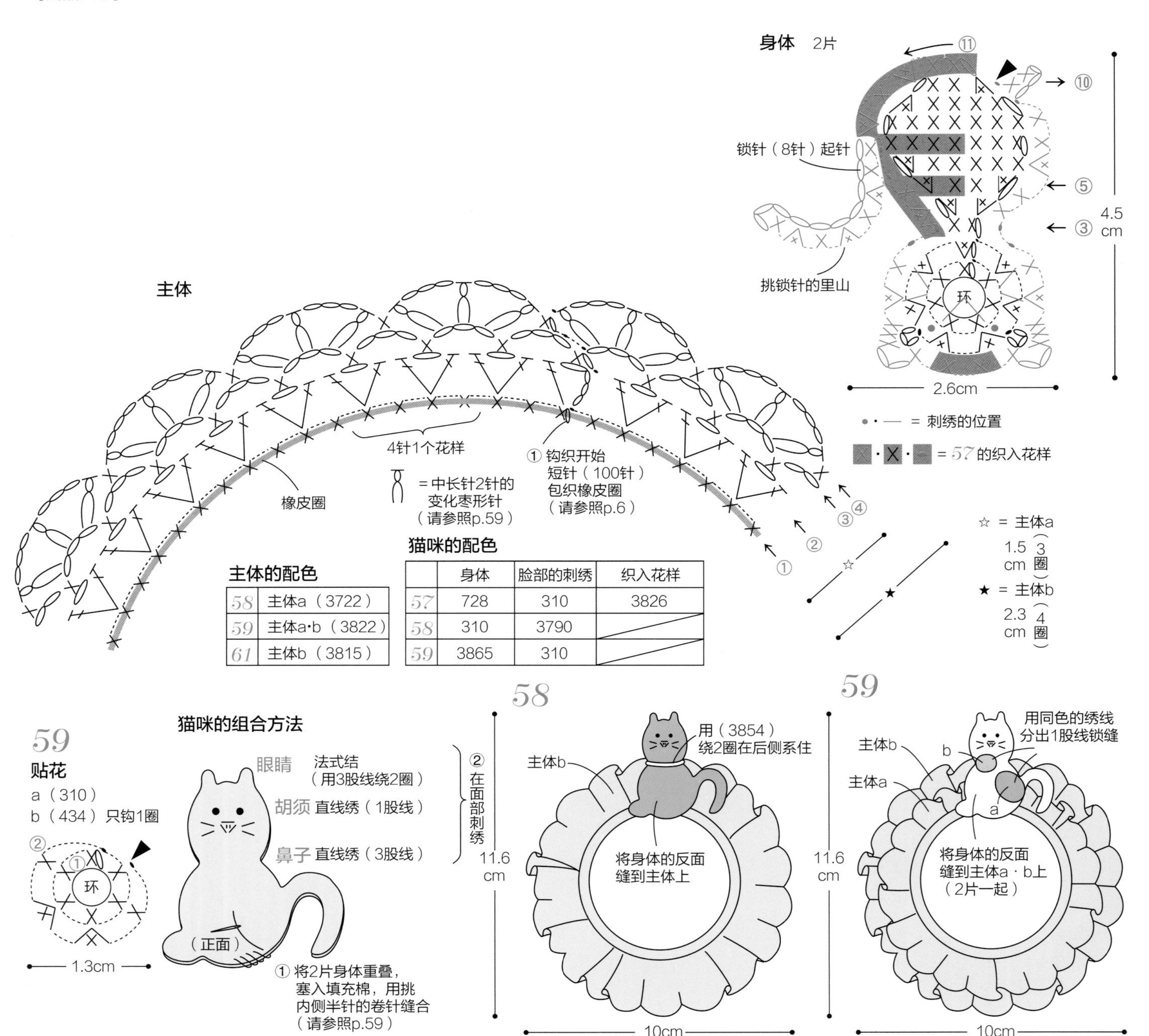

主体的配色

58	主体a（3722）
59	主体a·b（3822）
61	主体b（3815）

猫咪的配色

	身体	脸部的刺绣	织入花样
57	728	310	3826
58	310	3790	
59	3865	310	

◎材料

【线】 DMC 25号刺绣线

60 茶色系3032 1支、黑色310 · 绿色系471 · 茶色系 3772 · 白色系3865 各0.5支

61 绿色系3815 3.5支、茶色系3790 1支、黑色 310 · 茶色系739 · 3772 · 绿色系644、红粉色系817 各0.2支

【钩针】 蕾丝针0号

【橡皮圈】 直径5.5cm、截面直径0.4cm（茶色）

【其他】 少量填充棉

【成品尺寸】 60 5.5cm×7.2cm、61 直径8cm

◎钩织方法

1 钩织刺猬的身体 作品60 · 61通用

身体前侧挑第2 · 4 · 6 · 8行的内侧半针钩织，第3 · 5 · 7 · 9行钩条纹针。背刺在剩下的内侧半针中钩引拔针、2针锁针。用短针钩织后侧。

2 组合身体钩织刺猬的脚

60 与橡皮圈组合

钩织小草，在橡皮圈上缝上小草和刺猬。

61 与发圈组合

钩织主体、蘑菇，与发圈组合。主体请参照作品59（p.48）钩2层主体a。钩织蘑菇的菇帽和菇柄并组合。在主体上缝上刺猬和蘑菇。

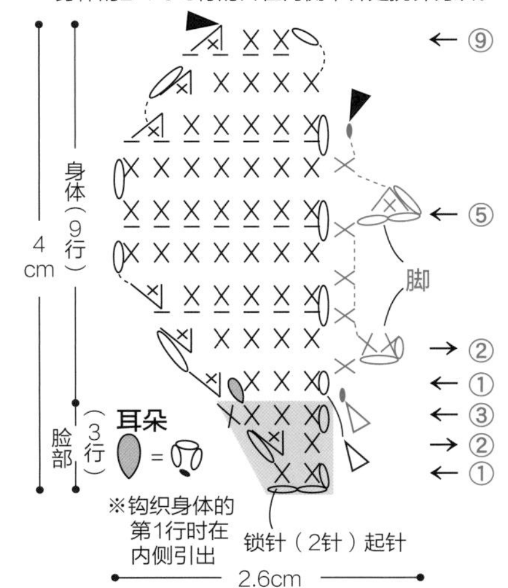

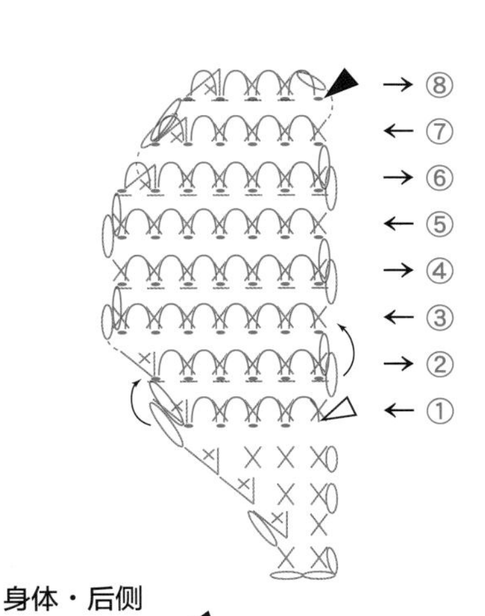

刺猬的配色

	脸部	身体和背刺	脚
60	3865	3032	3865
61	644	3790	644

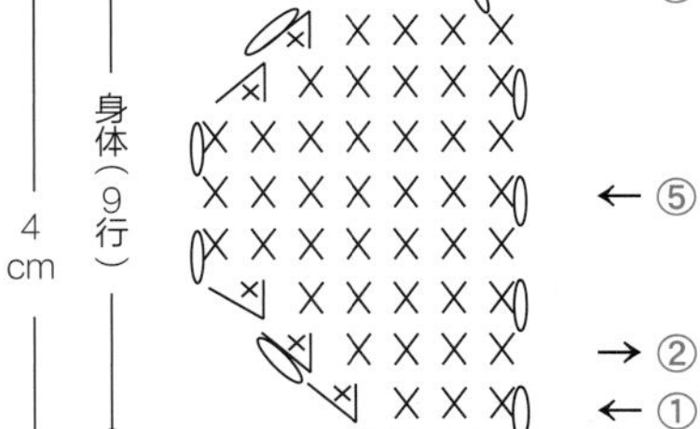

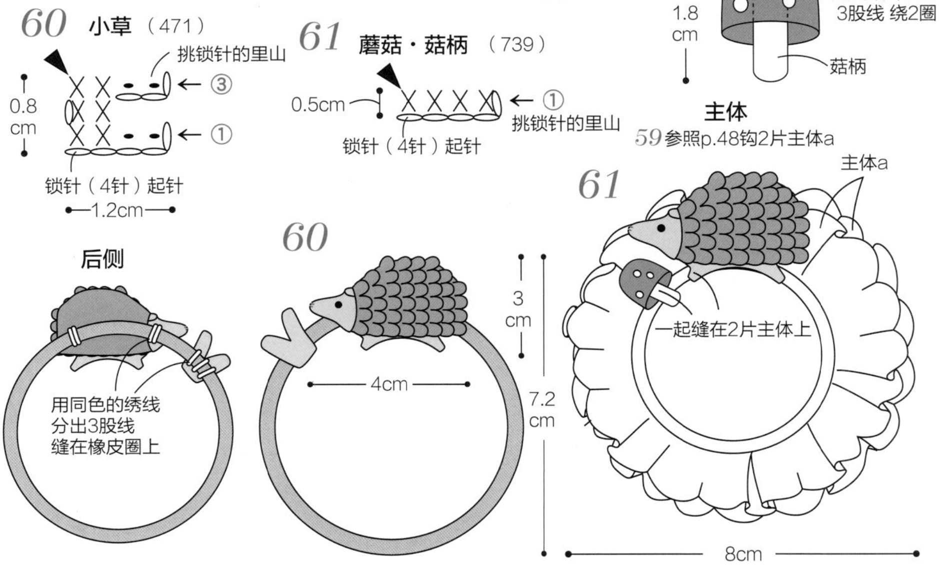

刺猬的组合方法

①重叠前侧·后侧，留出缝刺猬的脚的部分之后用卷针缝合

②塞入填充棉

④刺绣脸部 法式结（310） 3股线 绕2圈

（3772） 缎绣

※ 压线

③将前侧·后侧2片一起挑针缝合

熊

不管是雪白的白熊还是深色的棕熊，
都可以试试张开双掌或者抱着东西的姿态。
在钩织发圈基底过程中加入的单色花点十分有魅力。

制作方法 … *62.63* p.62 *64.65* p.52
设计&制作 … 松本薰

鱼

生活在澄澈海水中的色彩绚丽的鱼儿们，
选择喜欢的颜色来做一条小鱼吧！

制作方法 ... p.53
设计&制作 ... 松本薰

◎材料

【线】 DMC 25号刺绣线

64 红粉色系3833 3支、761 2支、白色系3865 1.5支、黄色系727 1支、黑310 0.5支

65 绿色系913 3支、茶色系898 1.5支、黑色 310 · 茶色系3033 · 红粉色系3328 各0.5支

【钩针】 蕾丝针0号

【橡皮圈】 直径5.5cm、截面直径0.4cm（茶色）

【其他】 少量填充棉

【成品尺寸】 *64*·*65* 10cm×11.5cm

◎钩织方法 作品*64*·*65*通用

1 钩织并组合熊的身体

短针钩织2片身体。重叠身体部分，沿着轮廓在约为1针（1行）的位置用卷针缝合，缝合过程中塞入填充棉。

2 制作脸部

钩织完嘴巴用卷针缝到脸部，刺绣眼睛、鼻子。

3 组合身体

熊掌往里折，缝在肚子上，作品*65*把钩织完的苹果缝在熊掌的顶端。

4 钩织主体

64 钩100针短针包织橡皮圈，从前侧的主体a开始钩织。第2圈在第1圈的内侧半针处挑针钩织，接着钩2圈花样。主体b的第1圈沿着主体a的反面第1圈在内侧半针处挑针钩织，接着钩2圈花样。

65 钩100针短针包织橡皮圈，接着钩织主体a。

5 组合发圈

将小熊的身体缝到主体的第1~2圈上。

主体的配色表

	第1圈	第2圈	第3圈	第4圈
64	3833	主体a（3833）	727	3833
		主体b（761）	727	761
65	913		3328	913

※作品 *64*按照主体a · b的顺序钩织（请参照钩织方法）

※ 主体a的第2圈在第1圈 ⊗ 的内侧半针处挑针钩织

※ 主体b沿着主体a的反面在 ⊗ 的内侧半针处挑针钩织

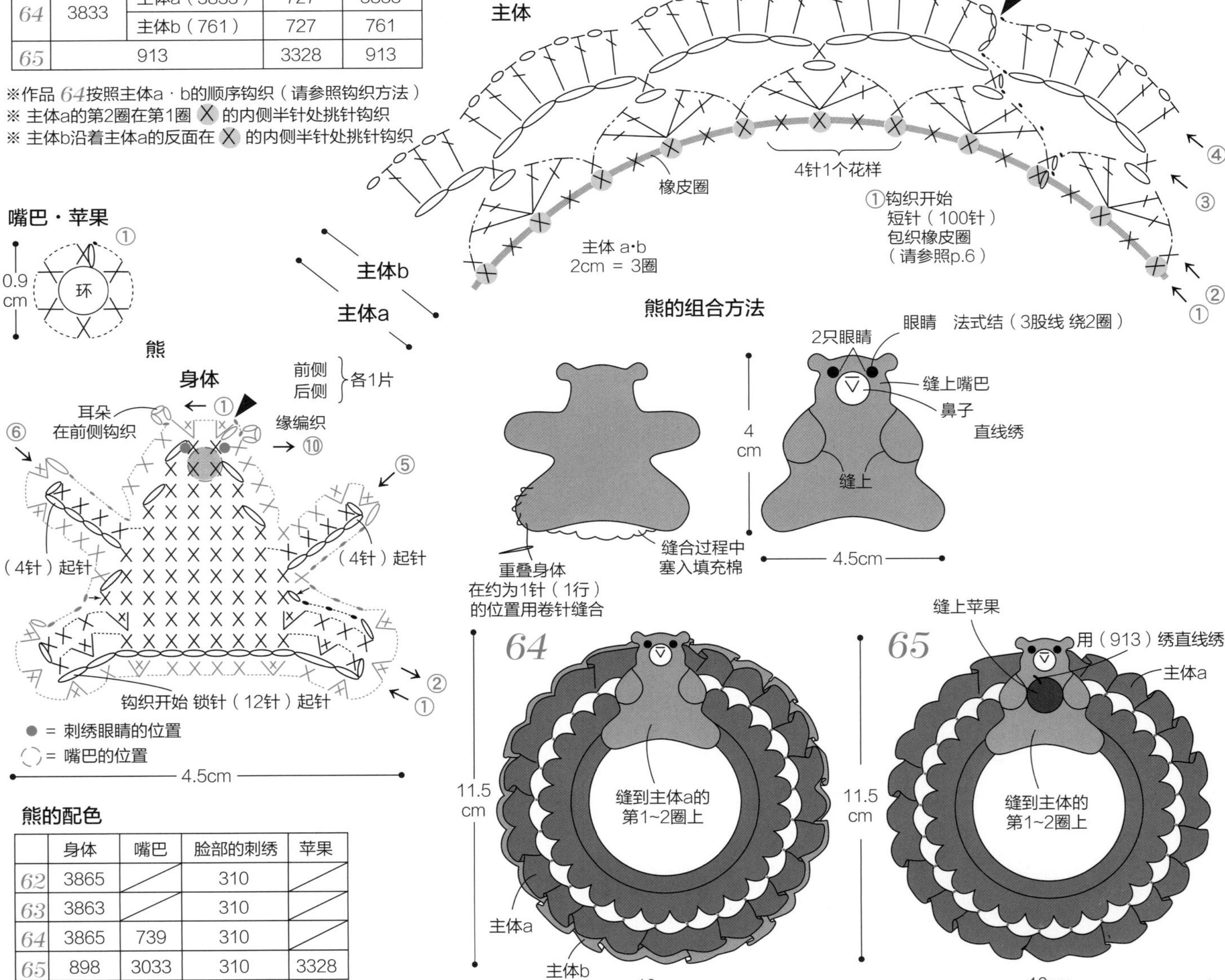

熊的配色

	身体	嘴巴	脸部的刺绣	苹果
62	3865		310	
63	3863		310	
64	3865	739	310	
65	898	3033	310	3328

◎材料

【线】 DMC 25号刺绣线

66 蓝色系311 3支、807 1支、黑色310 · 绿色系165 各0.5支

67 白色系3865 3支、黄色系745 1支、灰色系 318 · 蓝色系518 · 黄色系743 · 绿色系3808 · 绿色系912 · 红粉色系3607 · 橘色系3854各0.5支

68 橘色系720 1支、黑色310 · 黄色系743 各0.5支

【钩针】 蕾丝针0号

【橡皮圈】 直径5.5cm、截面直径0.4cm（茶色）

【其他】 少量填充棉

【成品尺寸】 66 8.5cm×9cm、67 10cm×11.5cm、68 5.5cm×7cm

◎钩织方法

1 钩织并组合小鱼 作品66·67·68通用

线环作为钩织开始，短针从鱼头到鱼尾进行钩织，钩织过程中塞入填充棉。将立起的钩针作为后侧的中心，将钩织终点对折之后2片一起挑针钩织鱼尾（请参照p.59）。钩织背鳍、胸鳍，用卷针缝到鱼身上。绣法式结作为眼睛。

2 钩织主体 作品66·67通用

66 钩100针短针包织橡皮圈，第2圈在内侧半针处挑针钩2圈花样（主体a）。沿着织片的反面，在第2圈的内侧半针处挑针钩2圈花样（主体b）。

67 钩100针短针包织橡皮圈，接着钩3圈花样（主体a）。

3 完成

66·67 与主体组合，在主体第1圈的头针处缝上小鱼。

68 与橡皮圈组合。在橡皮圈上缝上小鱼。

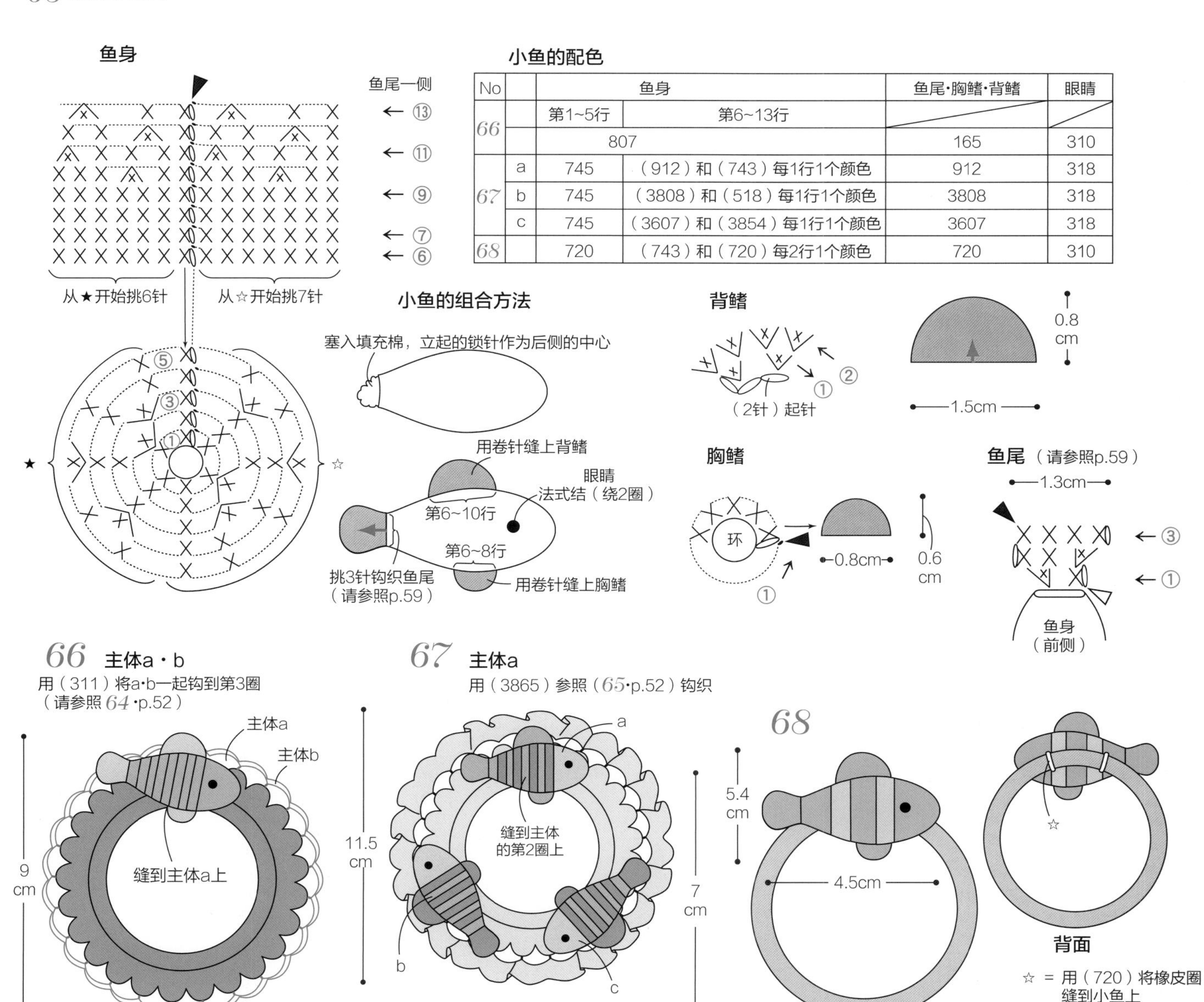

小鱼的配色

No		鱼身 第1~5行	鱼身 第6~13行	鱼尾·胸鳍·背鳍	眼睛
66		807		165	310
67	a	745	（912）和（743）每1行1个颜色	912	318
	b	745	（3808）和（518）每1行1个颜色	3808	318
	c	745	（3607）和（3854）每1行1个颜色	3607	318
68		720	（743）和（720）每2行1个颜色	720	310

刺绣线的介绍 *Material guide*

25号刺绣线 棉100% 1支/ 8m 465色+新色16色

[图片与实物等大]

25号刺绣线颜色样本

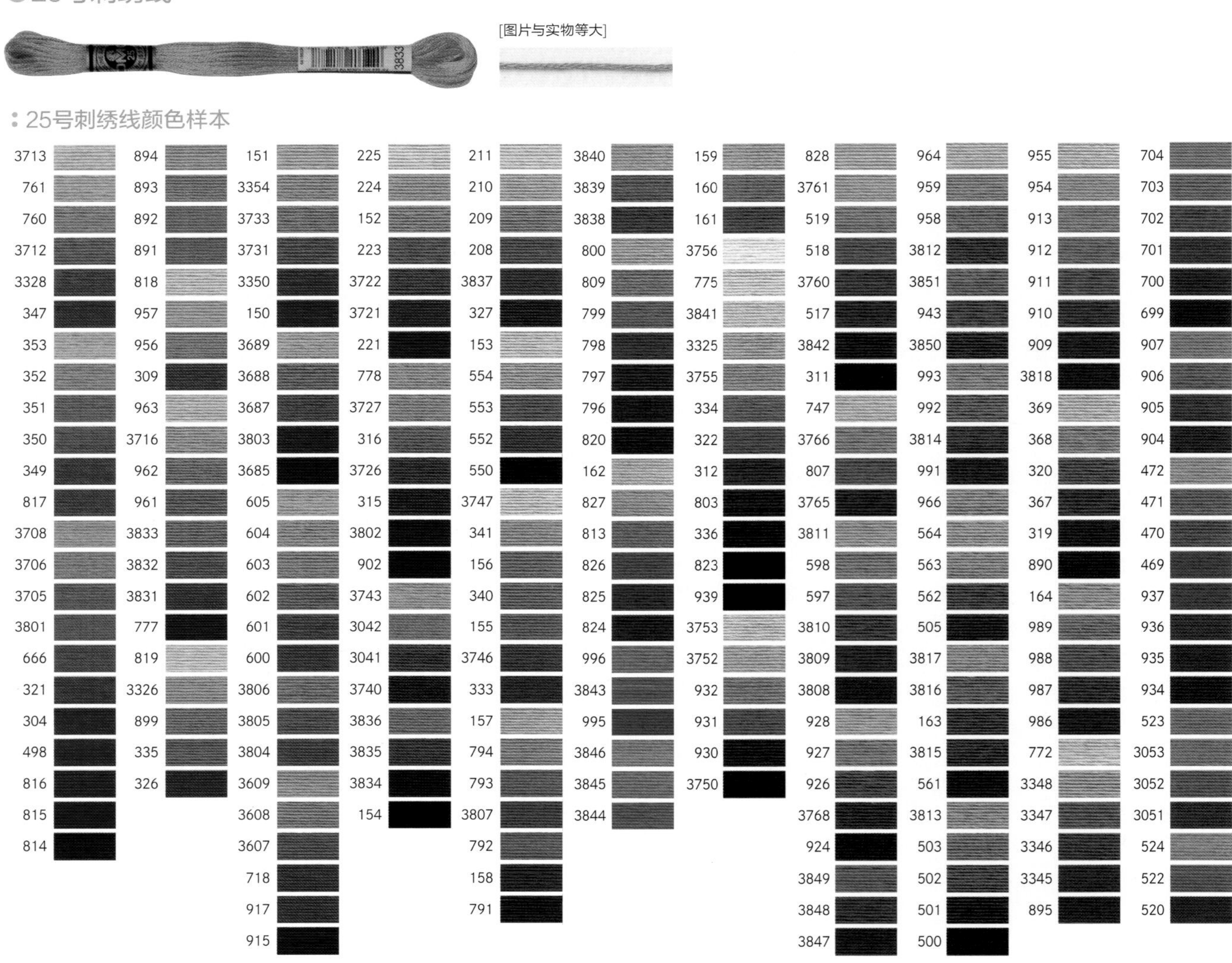

珠光彩虹线 棉100% 1支/8m 61色

[图片与实物等大]

珠光彩虹线颜色样本

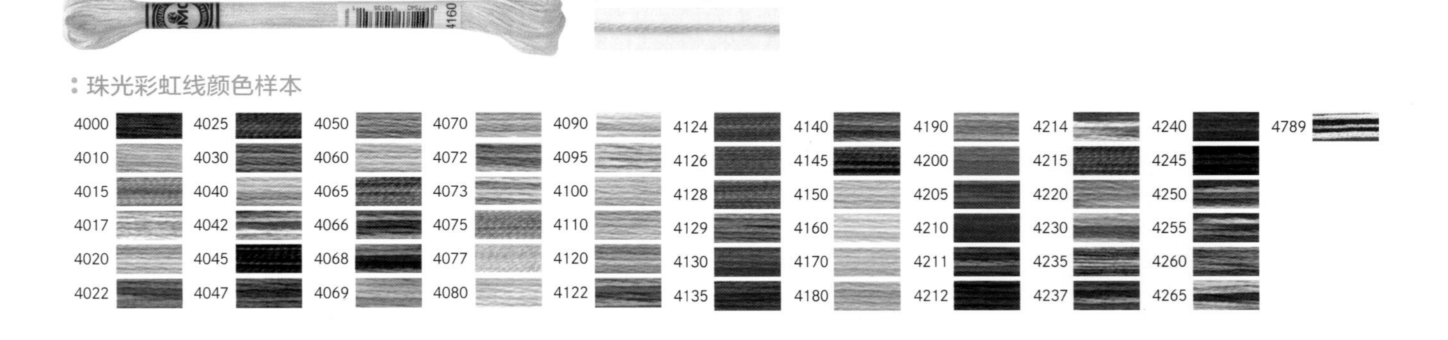

此处介绍本书所使用的DMC刺绣线的颜色样本。美丽又丰富的色彩变幻，一定能为你的作品增添光彩。

※每种线从左起，分别表示材质→线长→颜色数目

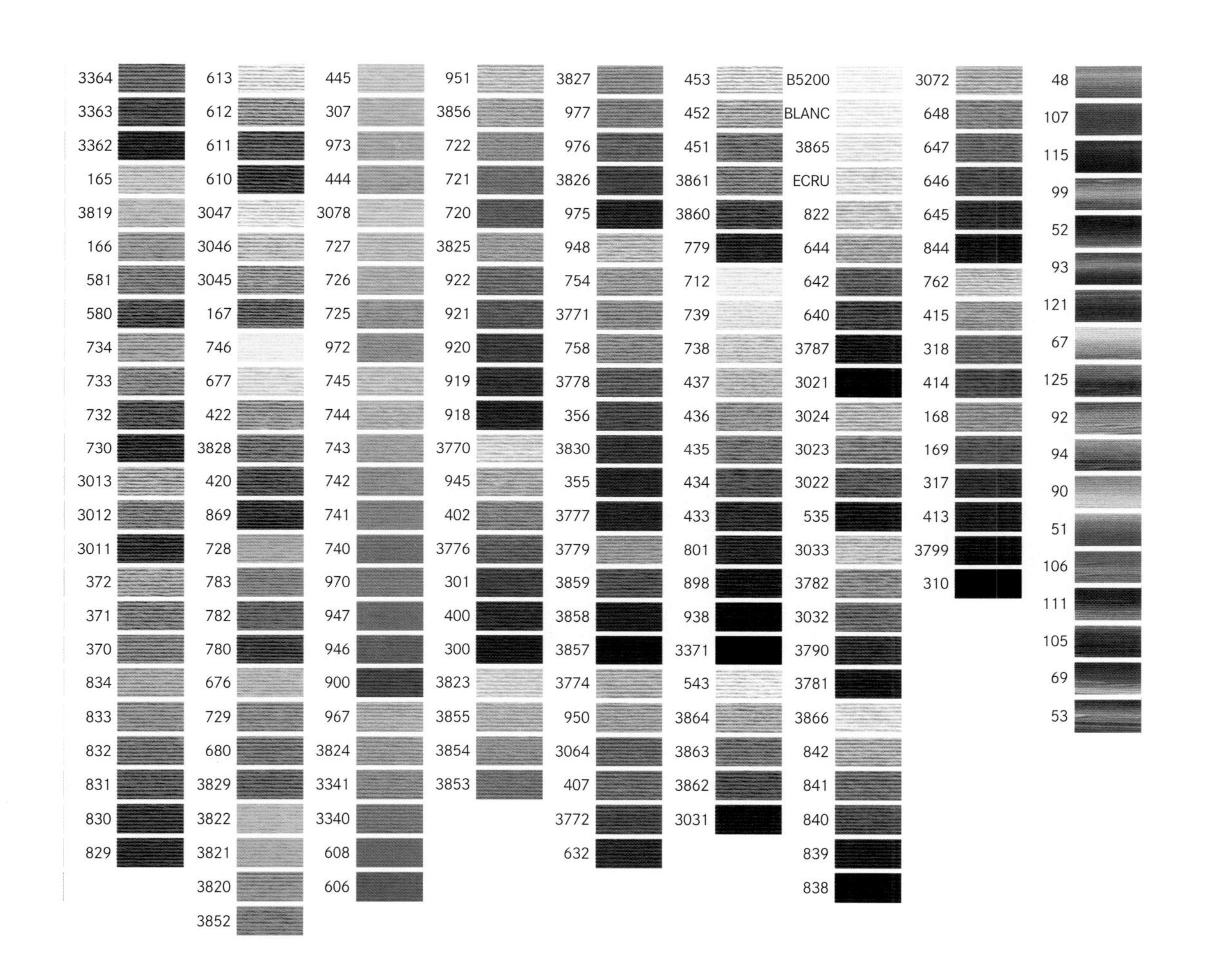

: 25号 刺 绣 线 新色

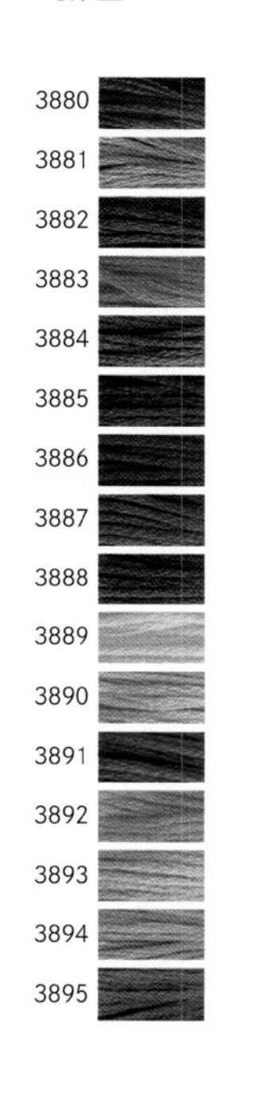

○金属线 涤纶100% 1支/8m 36色

[图片与实物等大]

: 金属线颜色样本

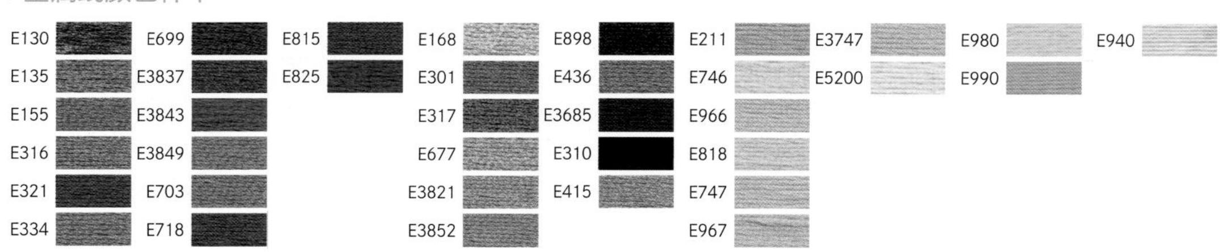

◎材料

【线】 DMC 25号刺绣线

1 红粉色系326 1.5支、绿色系934 0.5支

2 紫色系 154 · 155 · 209、绿色系3346 0.5支

【钩针】 钩针2/0号

【橡皮圈】 直径5.5cm、截面直径0.4cm（茶色）

【成品尺寸】 1 8cm×4.5cm、2 6cm×5.5cm

◎钩织方法

1 钩织花样

1 钩织1朵玫瑰、2片叶片a。

2 钩织3朵小玫瑰，3片叶片b。

2 组合

1 参照p.7 组合玫瑰，在反面缝上叶片a。

2 参照作品1组合小玫瑰，将3朵花缝合，在反面将叶片b的根部稍微重叠后缝合。

3 在橡皮圈上缝上组合完成的花样

1 用（326）、2用（155）在反面缝合。

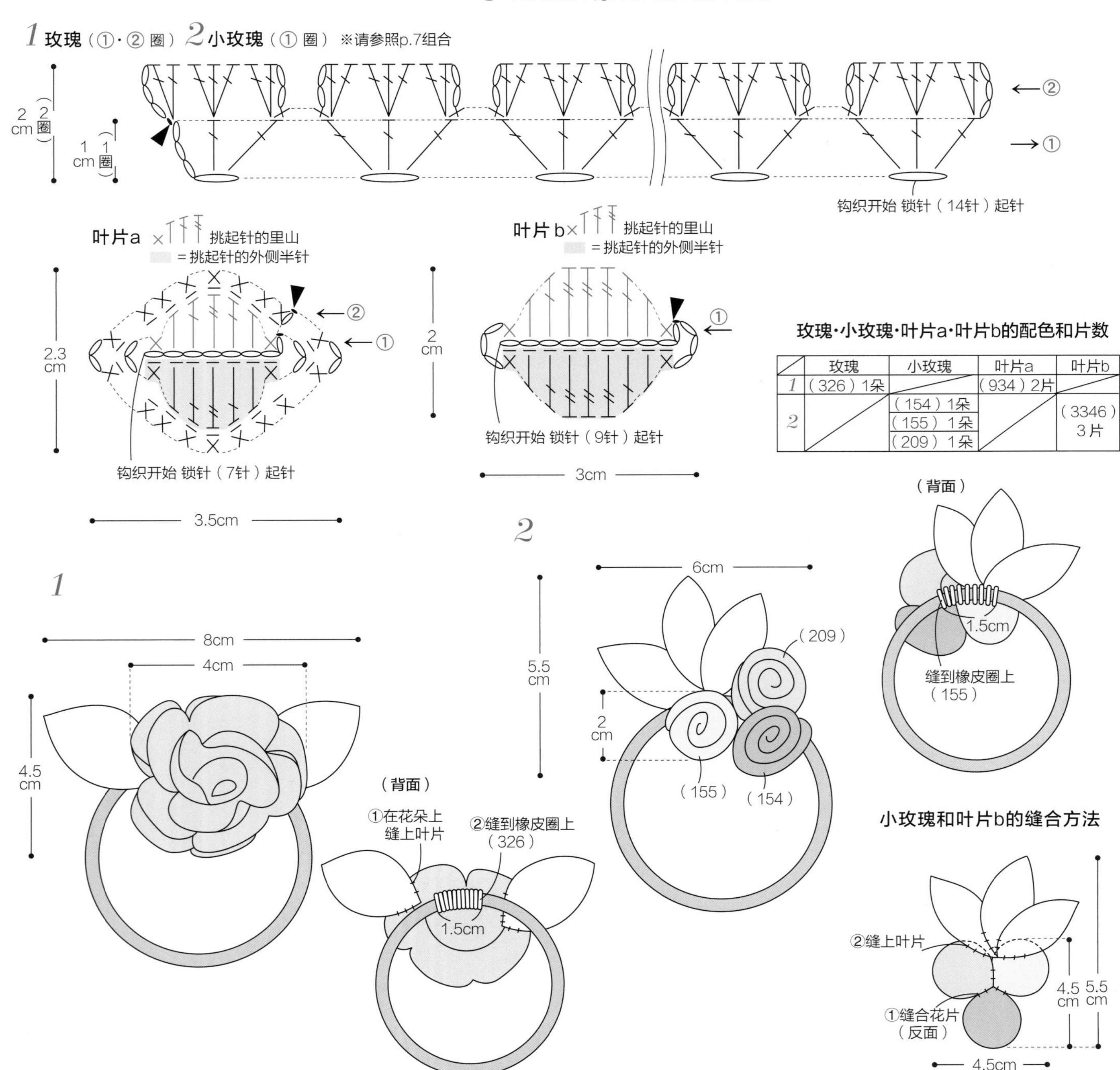

玫瑰·小玫瑰·叶片a·叶片b的配色和片数

	玫瑰	小玫瑰	叶片a	叶片b
1	（326）1朵		（934）2片	
2		（154）1朵 （155）1朵 （209）1朵		（3346）3片

◎材料

【线】 DMC 25号刺绣线

3 白色系3024 5支、红粉色系3607 · 3608 各2支、3689 1支、绿色系163 0.5支

4 绿色系927 5支、蓝色系827 1.5支、3750 · 3760各1.2支、绿色系469 0.7支

5 黄色系3047 5支、红粉色系225 · 961 · 3326各1支、绿色系505 1支

【钩针】 蕾丝针0号

【橡皮圈】 直径5.5cm、截面直径0.4cm（茶色）

【成品尺寸】 *3* 10.5cm×13.5cm、*4* 11cm×11.8cm、*5* 直径13cm

◎钩织方法

1 钩织主体 作品*3*·*4*·*5*通用

第1圈用66针短针包织橡皮圈，钩第2~4圈的花样。

2 钩织叶片、花片并组合花片

3 钩织2朵玫瑰、4朵小玫瑰、4片叶片b。在钩织终点留出组合用的20cm线头后断线。组合玫瑰（请参照p.7）。在玫瑰的反面将叶片用线头缝上。

4 钩织2朵玫瑰、3朵小玫瑰、叶片a · b各2片，然后组合花片（请参照p.7）。在2朵小玫瑰的反面用线头将叶片a · b缝上。

5 钩织6朵小玫瑰、6片叶片b，然后组合花片（请参照p.7）。在玫瑰的反面将叶片用线头缝上。

3 完成

将单独花片和与叶片缝合的花片，用花片的线头缝在主体上。

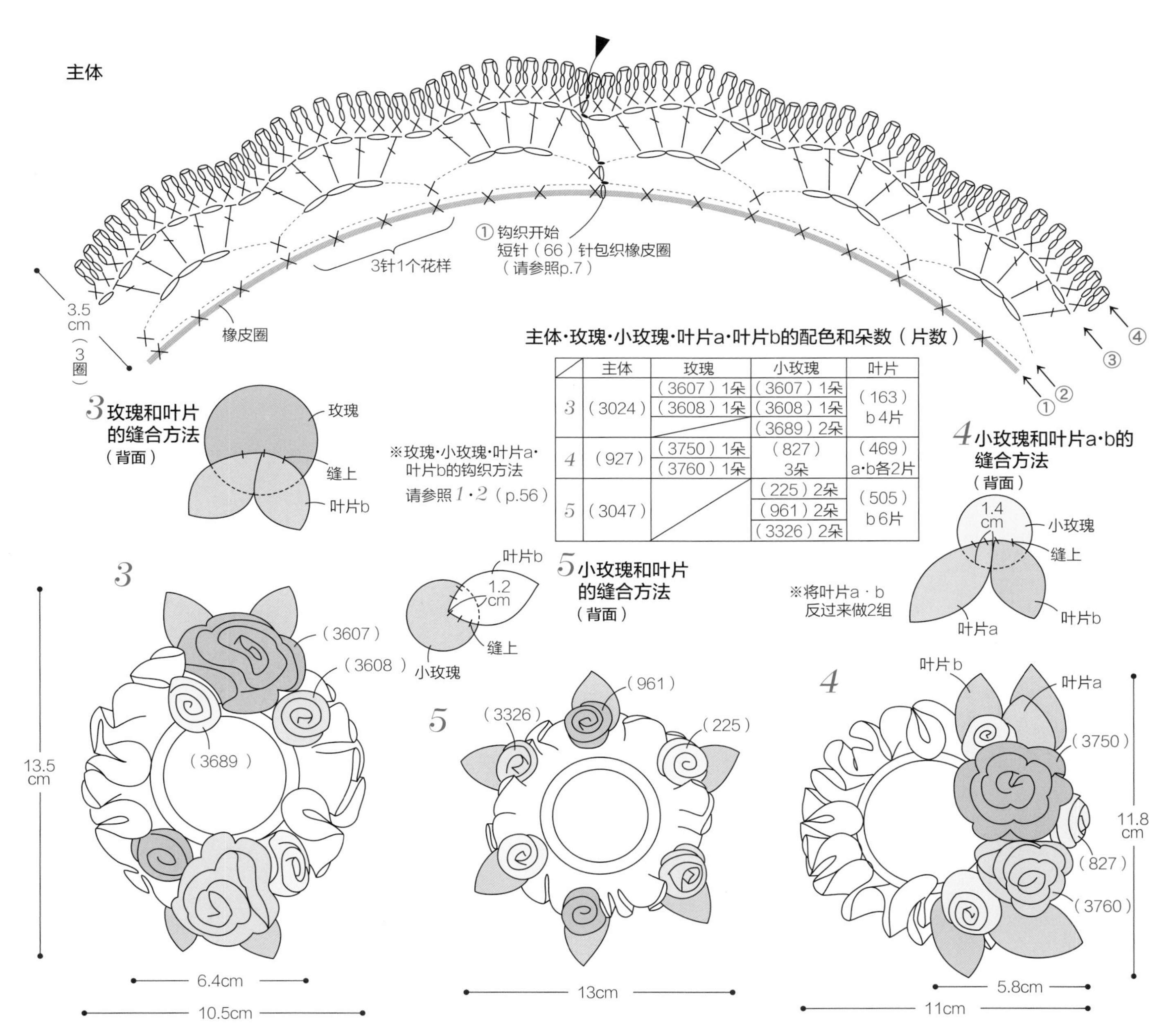

主体·玫瑰·小玫瑰·叶片a·叶片b的配色和朵数（片数）

	主体	玫瑰	小玫瑰	叶片
3	（3024）	（3607）1朵 （3608）1朵	（3607）1朵 （3608）1朵 （3689）2朵	（163） b 4片
4	（927）	（3750）1朵 （3760）1朵	（827） 3朵	（469） a·b各2片
5	（3047）		（225）2朵 （961）2朵 （3326）2朵	（505） b 6片

接p.7

[三色堇 作品序号 ... 14~15 作品展示 ... p.15]

○叶片的钩织方法

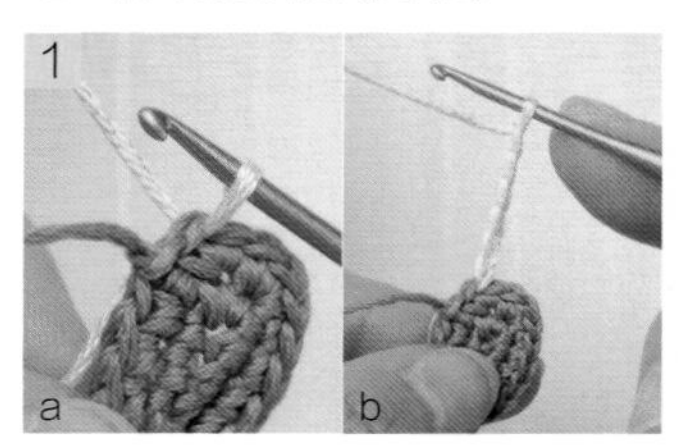

在叶片基底的出线的位置穿线（a）（请参照p.7），锁针6针起针。

挑起针锁针的里山钩织第1行的上半部分（—）。

接着钩第1行的下半部分、第2行的上半部分，在起针的第1针里引拔（步骤2的●标记），继续钩织下半部分

2片叶片钩织完成。

[房子 作品序号 ... 32 作品展示 ... p.26]

○将花样缝到发圈上（主体）

在屋顶上穿上钩织线圈用的线（请参照p.7），锁针8针起针。留出15cm左右的线头后断线，钩针先从线圈上取下来。

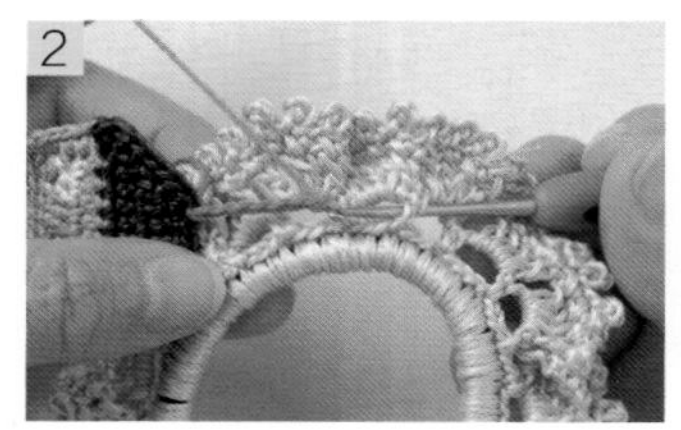

钩针穿过发圈的网格，针头挂上锁针。

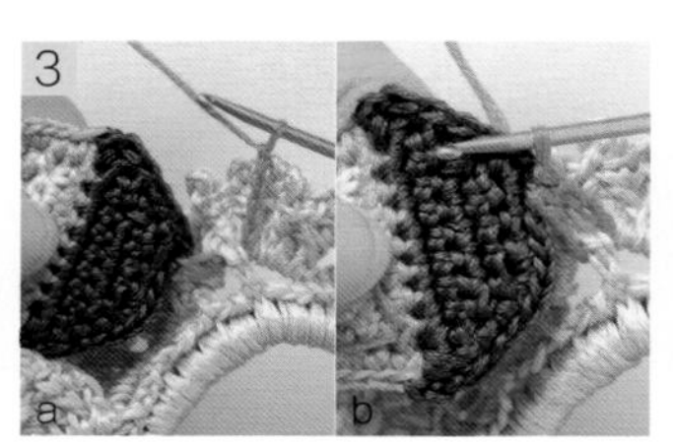

引出锁针（a），在屋顶穿线的针脚里引拔（b）。

缝针穿上引拔后的线头，从穿线的针脚开始穿针，把线头埋入花样中然后断线。右下图为发圈缝上花样的状态。

[热气球 作品序号 ... 33~34 作品展示 ... p.27]

○花样的缝合方法 ：短针缝合

钩2片主体，绣法式结。由于线头可作为填充材料，暂时放着不需处理。

将2片主体正面朝外对齐重叠，穿线（请参照p.7）在热气球的篮筐里钩短针缝合。

在热气球的主体的第1圈里逐针钩短针。

从顶端钩短针直到稍微往下的位置，在缝合过程中塞入填充棉。右下图为用短针缝合整体完成的状态。

[小羊 作品序号 ... 50~52 作品展示 ... p.42]

○身体的钩织方法

在头部钩织身体的第1行（1针短针、5针锁针）。接着钩1针立起的锁针。

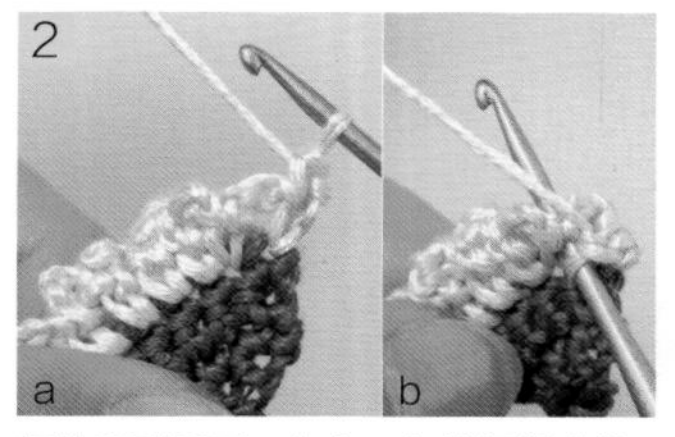

织片翻到反面，在上一行的短针中钩1针短针（a）。第1行5针锁针的线圈向外侧翻折，在第1行的短针里钩短针（b）。

第2行钩织完成。右下图为织片正面状态

第3行在第2行的短针中钩1针短针、5针锁针。重复步骤2～4共钩织9行。

[小羊 作品序号 ... 50~51 作品展示 ... p.42]

○主体(第3·4圈)的钩织方法

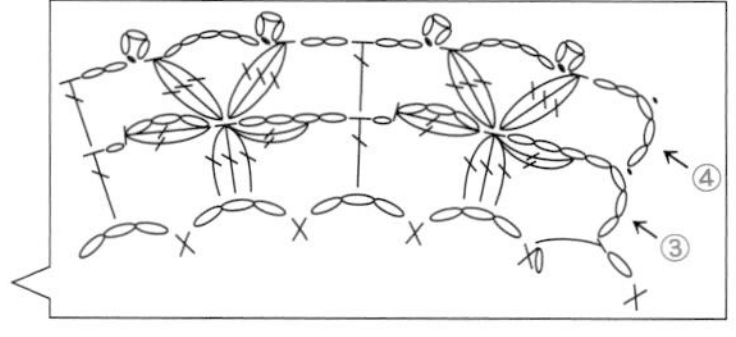

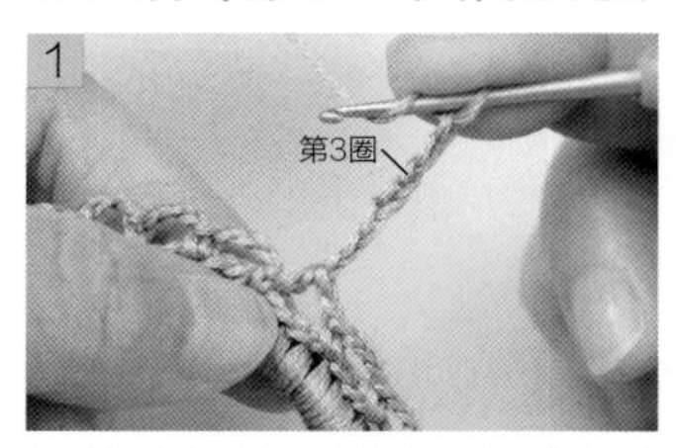

在第3圈钩锁针3针的立起针、“4针锁针”。

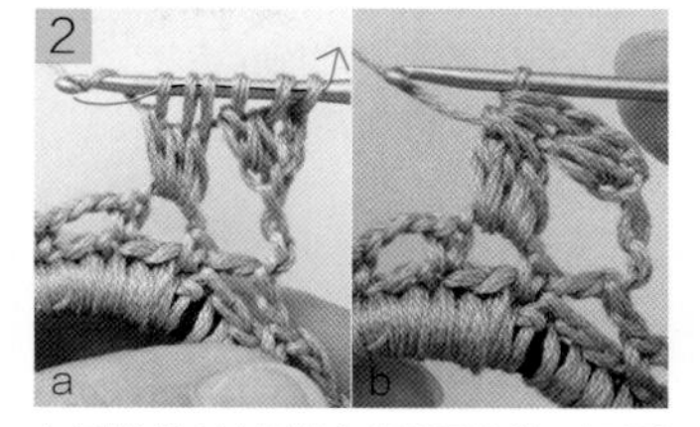

在倒数第3针锁针(步骤1中的●标记)中钩织2针未完成的长针、将第2圈3针锁针的线圈成束挑起钩3针未完成的长针(a)。按照箭头所示方向一起引拔(b)。

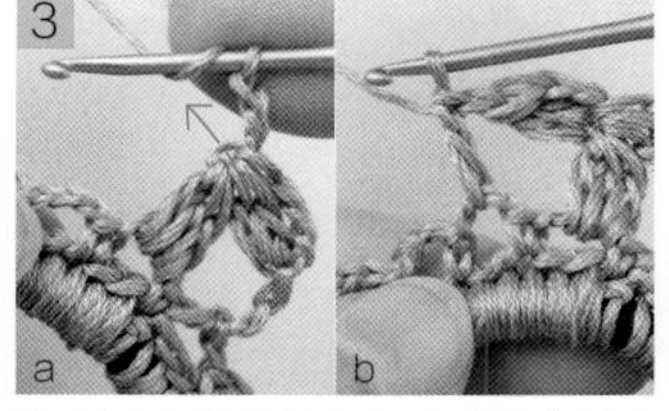

钩3针立起的锁针(a),在(a)中箭头所指的针脚里钩长针2针的枣形针。接着钩1针锁针、1针长针(b)。重复步骤1“”中的内容和步骤2~3的内容、步骤。

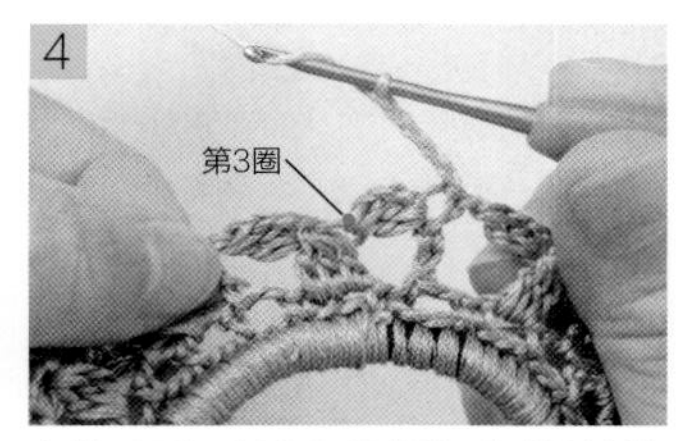

在第4圈钩3针立起的锁针、“2针锁针”。

在第3圈的●标记中钩织‘长针3针的枣形针、锁针3针的狗牙拉针’、5针锁针,重复1次‘’中的内容,钩2针锁针·1针长针。重复步骤4“”的内容和步骤5。

[猫咪 作品序号 ... 57~59 作品展示 ... p.47]

○缝合身体的方法 :卷针缝合锁针

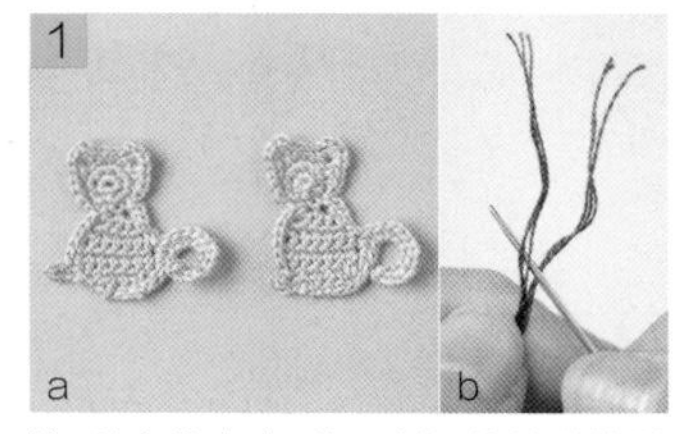

钩2片身体(a),使用刺绣线的分线缝合。分线时,取40cm左右的刺绣线,用针尖将绣线按照每3股一组分开(b),缝针上穿线。

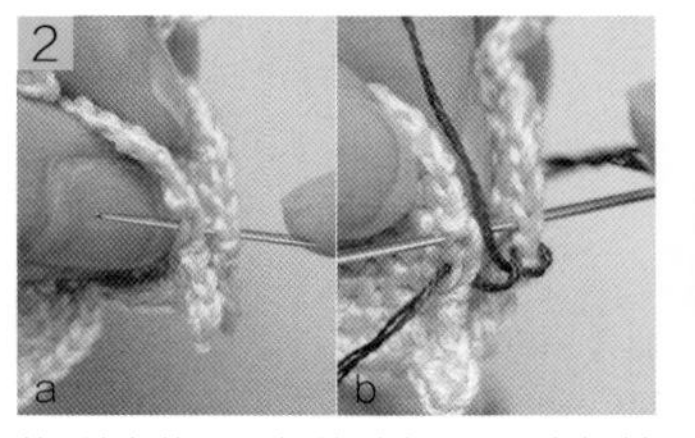

将2片身体正面朝外对齐重叠,在短针顶部的锁针中穿针(a)。将2片一起挑起,逐针用卷针缝合(b)。

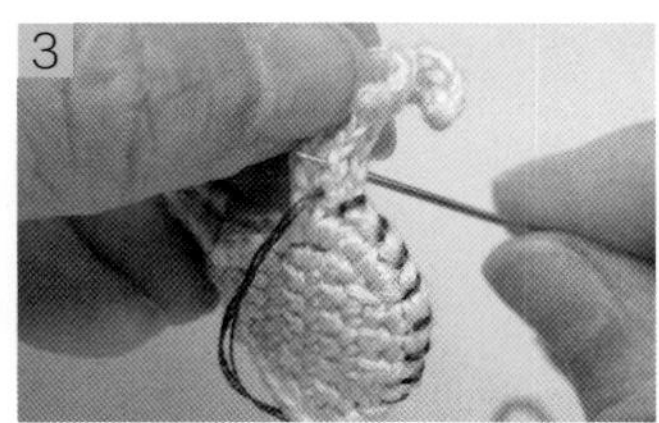

在尾巴的起针一侧的锁针中穿针,用卷针逐针缝合。

在猫耳锁针的里山缝隙间穿针,用卷针逐针缝合。

在缝合的过程中塞入填充棉。右下图为缝合完成的状态。

[猫咪 作品序号 ... 58~59 作品展示 ... p.47]

○中长针2针的变化枣形针的钩织方法

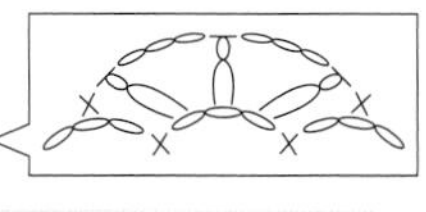

将上一圈的线圈成束挑起钩2针未完成的中长针(请参照p.64),针上挂线(a)。按照a中箭头所示方向引拔,针上挂线(b)。

按照步骤1·b的箭头所示方向将剩下的线圈一起引拔。2针中长针的变化枣形针钩织完成。

[刺猬 作品序号 ... 60~61 作品展示 ... p.47]

○背刺的钩织方法

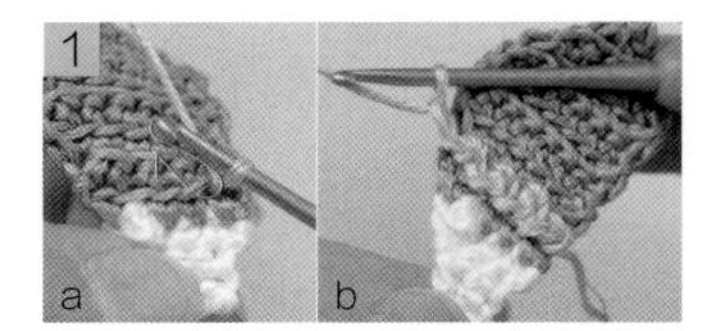

背刺的第1行在身体第1行的半针中穿线(请参照p.7·a)。重复钩2针锁针,在下一针(参照箭头)中钩1针引拔针直到最左端,钩1针立起的锁针(b)。

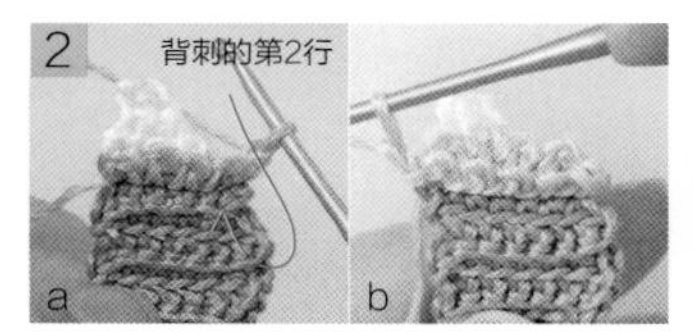

将织片调换方向(a),在身体的第2行的半针中(参照箭头)重复钩1针引拔针、2针锁针,按照与背刺第1行的相同要领钩织。

将织片调换方向,在身体的第3行的半针中重复钩1针引拔针、2针锁针,按照与背刺的第1行的相同要领钩织。右下图为重复钩2·3行的动作完成8行的状态。

[小鱼 作品序号 ... 66~68 作品展示 ... p.51]

○鱼尾的钩织方法

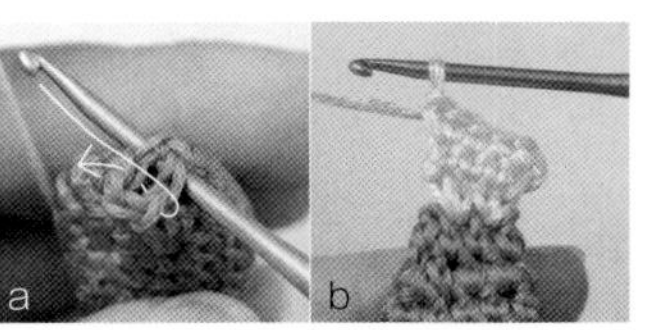

在鱼身中塞入棉花,将织片对折的2针一起穿针(a)。从这2针开始挑3针(按照a中箭头所指针脚开始的话挑2针)钩织鱼尾。

6 作品展示 ... p.11　重点课程 ... p.7

◎材料

【线】 白色系ECRU 1.5支、黄色系725 1支、橘色系922 1支、茶色系898 0.5支、绿色系470 0.4支
【钩针】 蕾丝针0号
【橡皮圈】 直径5.5cm、截面直径0.4cm（茶色）
【成品尺寸】 9.8cm×12.8cm

◎钩织方法

1. 花片请参照作品9・10（p.13），主体、叶片请参照作品7・8（p.12）分别按照配色钩织指定的片数。
2. 在花片的反面缝上叶片。
3. 在主体上缝上组合完成的花样。

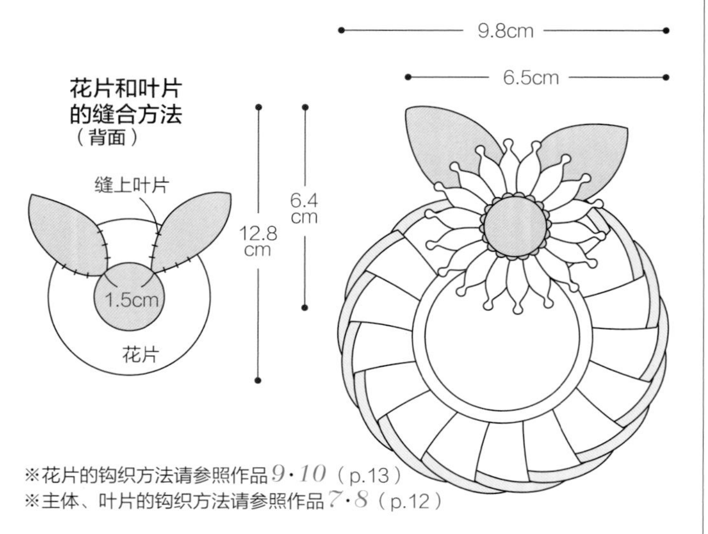

※花片的钩织方法请参照作品9・10（p.13）
※主体、叶片的钩织方法请参照作品7・8（p.12）

主体的配色

— =（ECRU）
— =（922）

花片的配色表

花片		叶片
花片 1片	花芯（898）	（470） 2片
	花瓣（725）	

25 作品展示 ... p.22

◎材料

【用线】 黄色系445 1支、橘色系722 0.5支、紫色系3746 少量
【钩针】 蕾丝针0号
【橡皮圈】 直径5.5cm、截面直径0.4cm（茶色）
【其他】 少量填充棉
【成品尺寸】 4.4cm×7.5cm

◎钩织方法

1. 钩织并组合达拉木马
   请参照作品23・24（p.24）钩织2片身体并组合。
2. 钩2片花片，用法式结缝在身体上。
3. 将橡皮圈缝到达拉木马的后侧。

身体　2片　（445）
※钩织方法请参照作品23・24（p.24）
花片用法式结（※请参照p.66）缝在身体上（用3746 绕2圈）

（背面）

缝上橡皮圈（445）

7.5 cm　5 cm　4.4cm

花片　2片　（722）

环

1.4cm

29 作品展示 ... p.23

◎材料

【线】 DMC 25号刺绣线
红粉色系349 1支、橘色系721 0.5支、黄色系744・绿色系844 各少量
【钩针】 蕾丝针0号
【橡皮圈】 直径5.5cm、截面直径0.4cm（茶色）
【其他】 少量填充棉
【成品尺寸】 6cm×6.8cm

◎钩织方法

1. 钩织并组合小鸟。
   请参照作品26・28（p.25）钩织并组合小鸟。
2. 在橡皮圈上缝上小鸟。

小鸟的配色

头（2片）・翅膀	身体和鸟尾	鸟喙
721	349	744

※钩织方法请参照作品26・28（p.25）

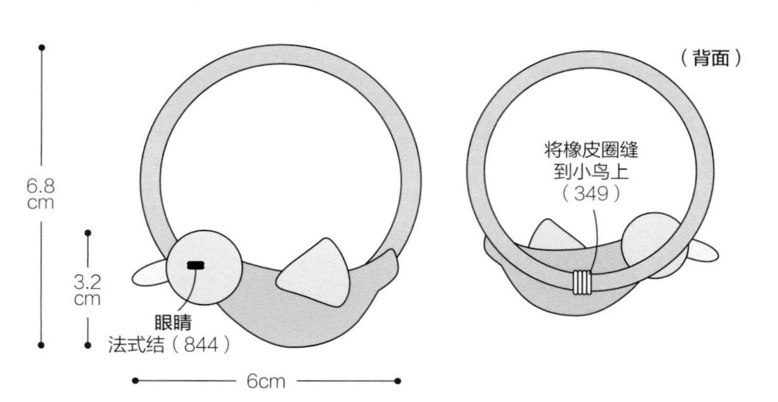

31 作品展示 ... p.26

◎材料

【线】 DMC 25号刺绣线
绿色系964 0.5支、白色系ECRU · 茶色系433、绿色系517 · 红粉色系321 各少量
【钩针】 钩针2/0号
【橡皮圈】 直径5.5cm、截面直径0.4cm（茶色）
【其他】 少量填充棉
【成品尺寸】 5.5cm×9.4cm

◎钩织方法

1 钩织房子
请参照作品30(p.28)钩织并组合，在墙壁周围绣平针绣，在门上绣法式结。

2 与橡皮圈组合
请参照作品33(p.29)用8针锁针的线圈缝到橡皮圈上。

※房子的钩织方法和法式结的位置请参考作品30（p.28）

房子（前侧）的配色表

	第1~3行	4·5行	6·7行	边缘钩织
a	—（964）	964	517	—（964）—（517）
b	—（ECRU）		321	—（964）—（321）

房子（后侧）的配色表

	第1~5行	6·7行
a	964	517
b		321

刺绣与配色
● =法式结（433）绕1圈
— =平针绣（433）

线圈=请参照作品32（p.56）
用（433）将花样缝到橡皮圈上

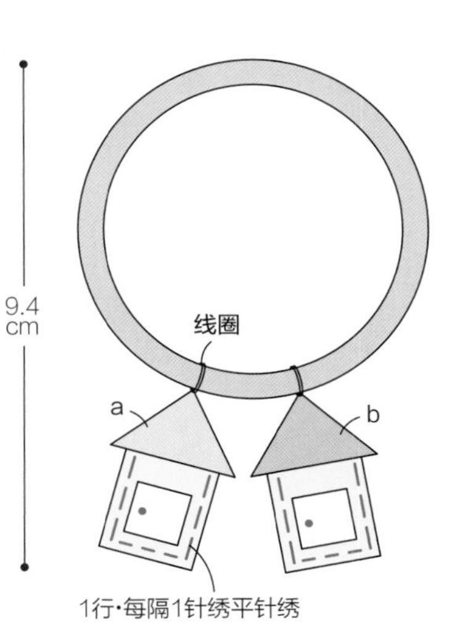

48 作品展示 ... p.39

◎材料

【线】 DMC 25号刺绣线
白色系BLANC 1支、红粉色系602 · 3705 · 黄色系726 · 绿色系907 · 蓝色系996 各少量
【钩针】 钩针2/0号
【橡皮圈】 直径5.5cm、截面直径0.4cm（茶色）
【其他】 HAMANAKA 编织环/三角形20mm（H204-597-20）· 方形（H204-598-20）· 圆形20mm（H204-588-21）各1个
【成品尺寸】 8.5cm×8.5cm

◎钩织方法

1 制作编织环主题花样
第1圈用短针包织编织环，第2圈钩短针。
圆形、三角形在钩织过程中替换配色线钩织（请参照p.6）。

2 与橡皮圈组合
在编织环花样的●印标记处穿线钩8针锁针，穿过橡皮圈后在穿线的针脚中引拔停针（请参照作品33 p.29）。

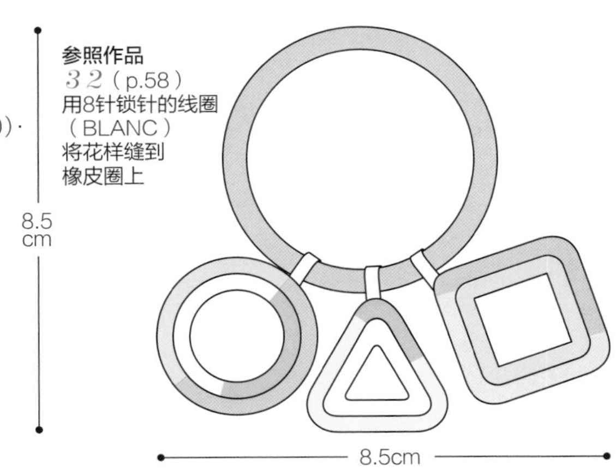

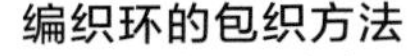

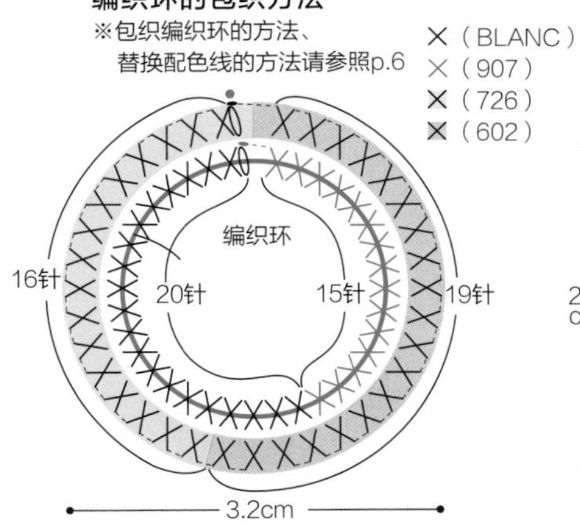

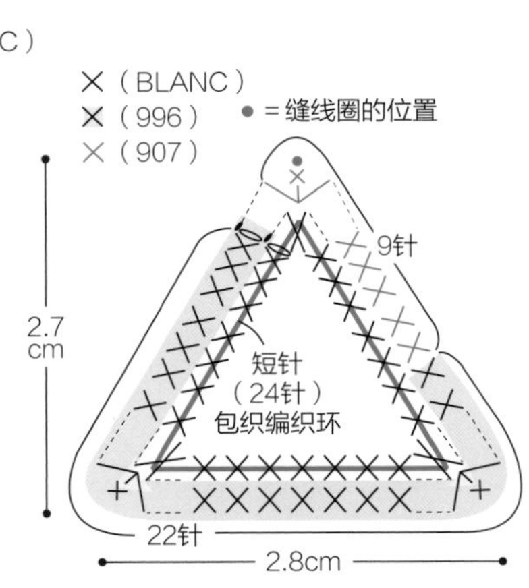

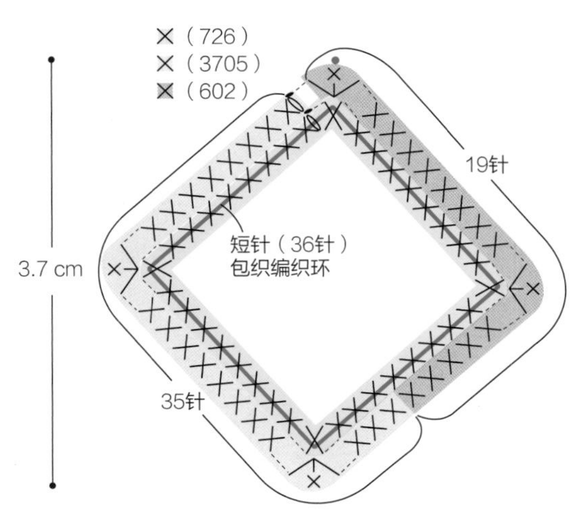

55, 56 作品展示 ... p.43

接p.45

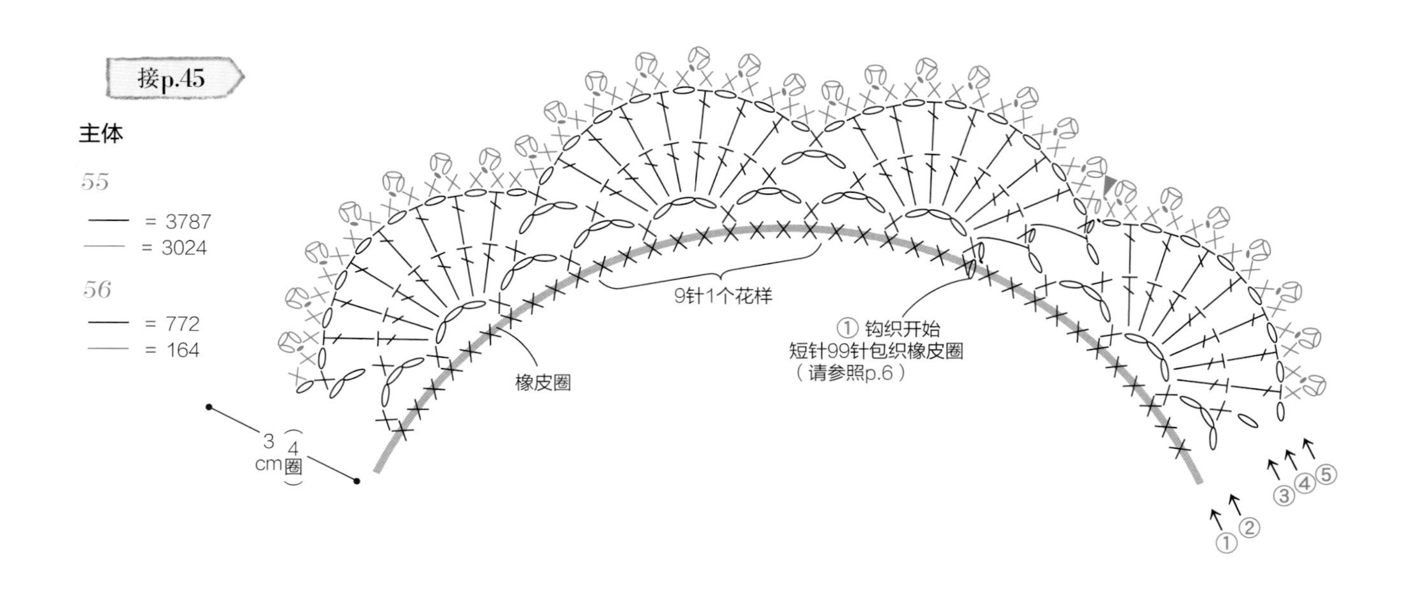

57, 62, 63 作品展示 ... 57 p.47、62·63 p.50 重点课程 ... 57 p.59

◎材料

【线】 DMC 25号刺绣线
57黄色系728 1支、黑色 310 · 茶色系3826 各0.5支
62 白色系3865 1.5支、黑色310 · 蓝色系807 各0.5支
63 茶色系3863 1.5支、黑色310 0.5支
【钩针】 蕾丝针0号
【橡皮圈】 直径5.5cm、截面直径0.4cm（茶色）
【其他】 少量填充棉
【成品尺寸】 57 5.5cm×8cm
62·63 5.5cm×7.5cm

◎钩织方法

57 请参照作品58·59（p.48）钩织身体并组合，将橡皮圈缝到猫咪的身体上。
62·63 请参照作品64·65（p.52）钩织小熊并组合，在橡皮圈上缝上熊的身体。

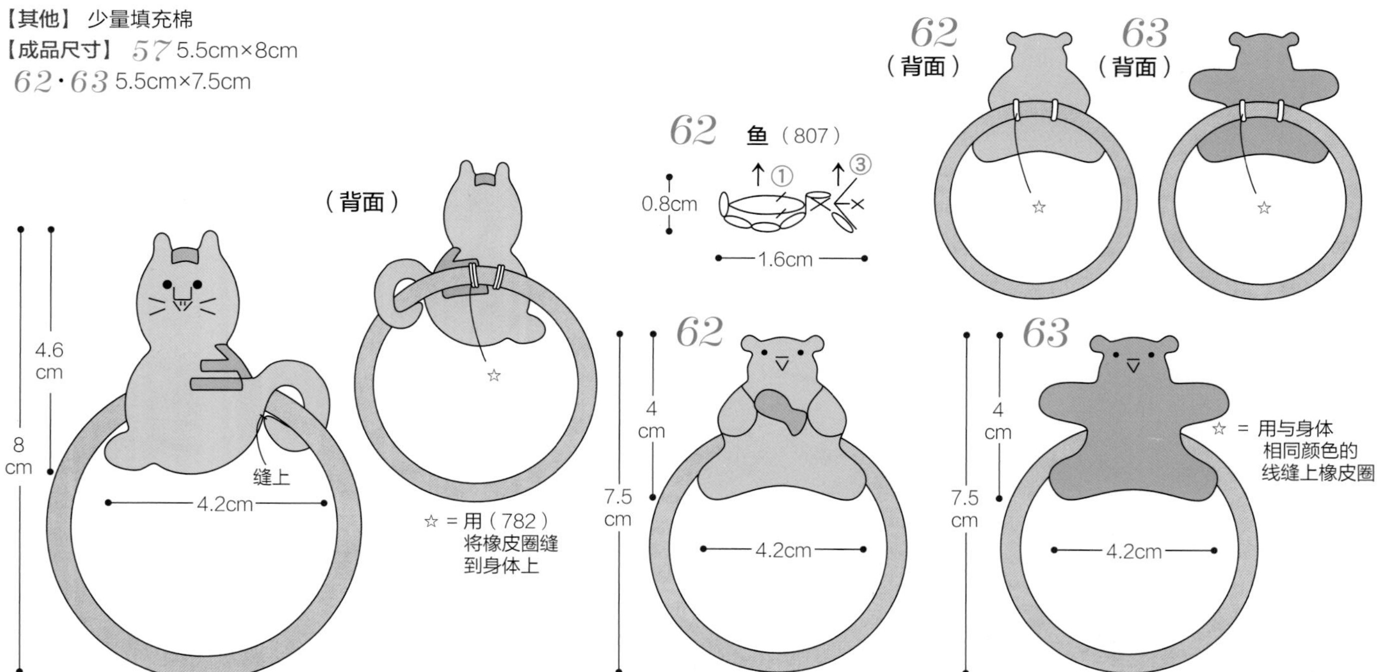

钩针编织基础 *Basic Lesson 2*

符号图的表示方法

本书的符号图均按照日本工业标准（JIS）的规定，呈现织片正面的状态。钩针编织除有内外之分外，不存在正反针的区别。正面和反面交替钩织时，符号图的表示是一样的。

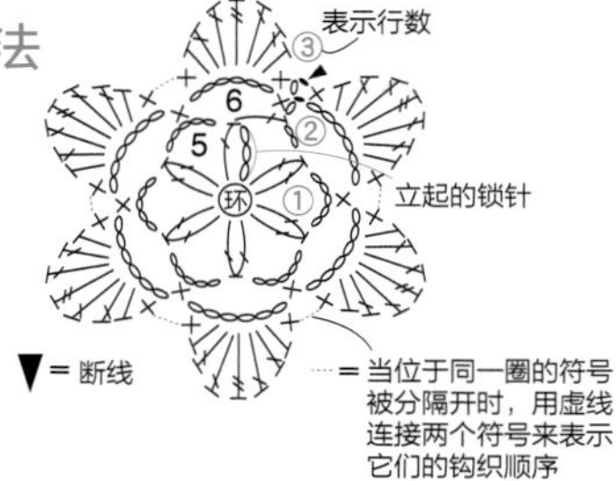

由中心往外环状钩编

由中心作环形（或者锁针）起针，依照环状逐行钩织，每一行的起始处都是先钩立起的锁针，再接着进行钩织。一般是沿着织片正面，根据图示从右往左钩编。

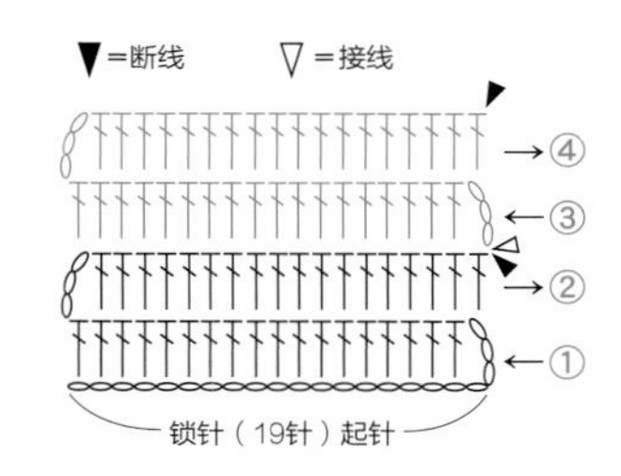

平针钩织

左右轮流钩织立起的锁针，立起针记号位于右侧时，沿织片正面依照图示从右往左钩织。反之，立起针记号位于左侧时，沿织片反面依照图示从左往右钩织。左图表示在第3行根据配色换线。

锁针的表示方法

锁针有正反面的区别。
锁针反面通过线圈中间的一条线称为锁针的"里山"。

正面

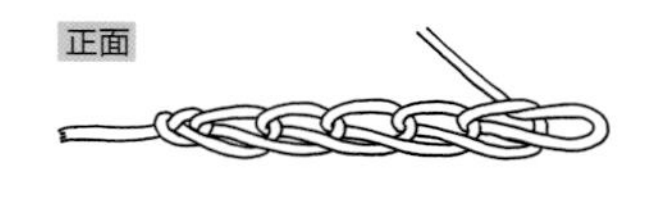

反面

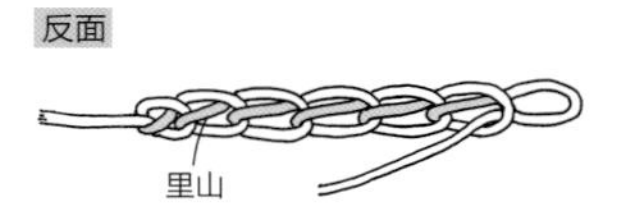

线和针的拿法

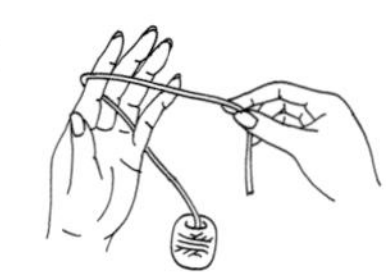

1 将线从左手小指和无名指间穿过，挂在食指上。

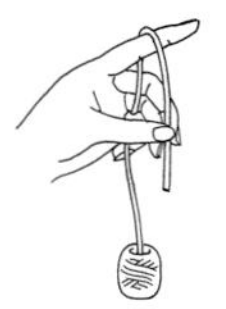

2 拇指和中指捏住线头，食指竖起将线架起。

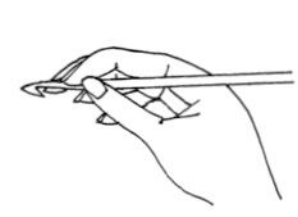

3 拇指和食指握针，中指轻轻抵住针尖。

基本针的起针方法

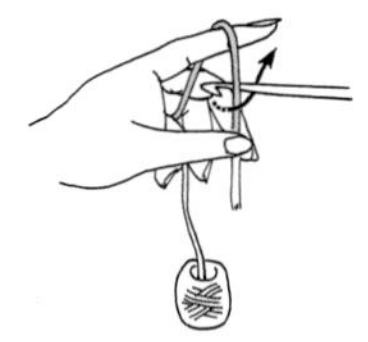

1 钩针从线的外侧入针，按照箭头所示方向转动钩针。

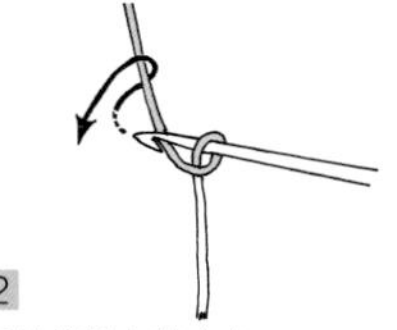

2 再将线挂在针尖上。

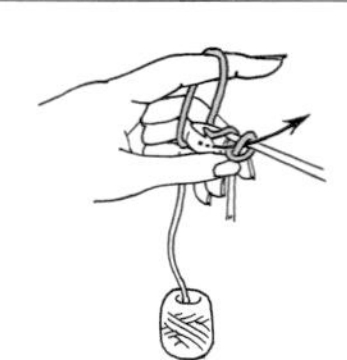

3 将线穿过线圈引出。

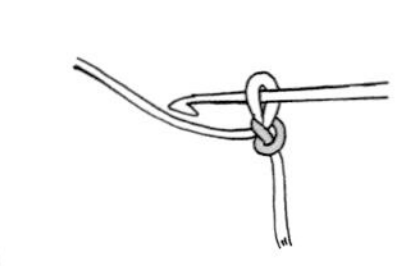

4 拉动线端收紧线圈，最初的基本针完成（不计入针数中）。

起针

由中心往外环状钩织

（绕线作环）

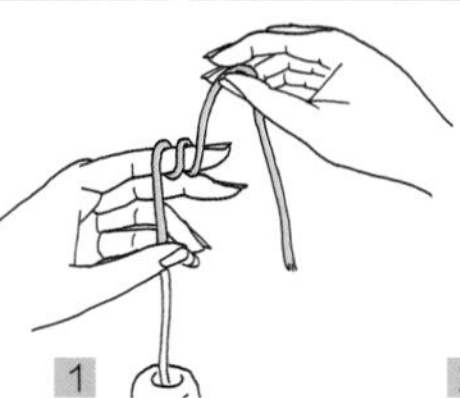

1 将线在左手食指上绕2圈形成圆环。

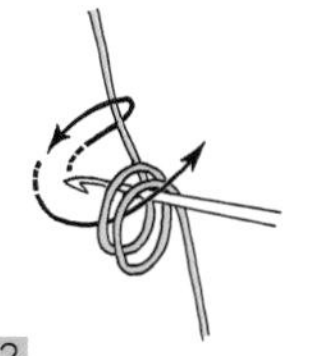

2 将环从食指上取下用手拿住，在环中入针，按照箭头所示挂线引出。

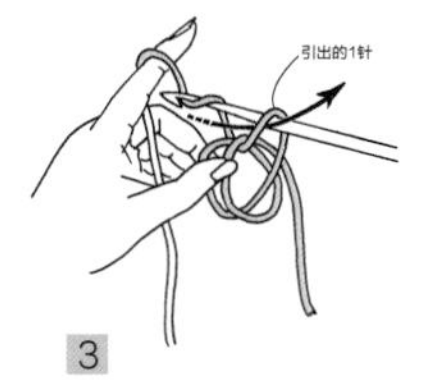

3 再一次挂线引出，钩立起的锁针。

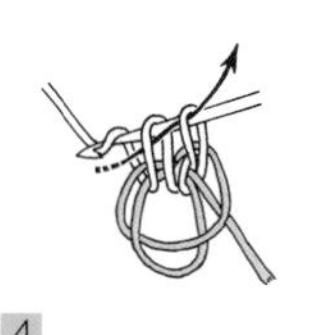

4 钩第1圈时，在环中心入针，钩织所需数目的短针。

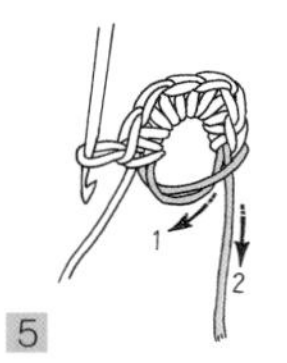

5 暂时将针抽出，拉动最初缠绕圆环的线端1和线端2，将环拉紧。

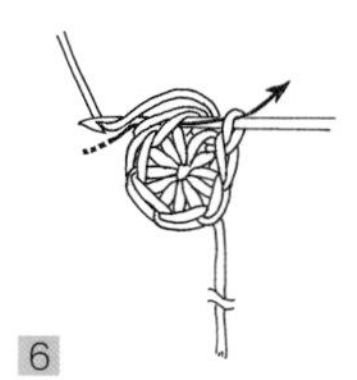

6 在第1圈的钩织终点，在最初的短针顶部入针，挂线引拔。

由中心往外钩织环状

（锁针作环）

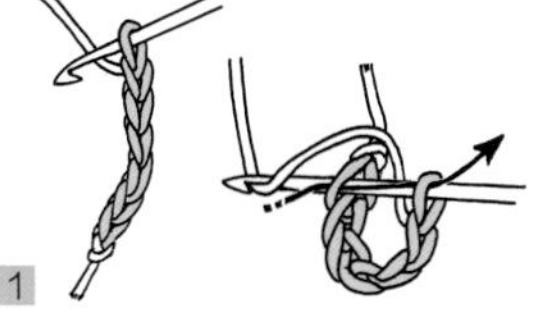

1 钩织所需数目的锁针，在最开始的锁针半针处入针，挂线引出。

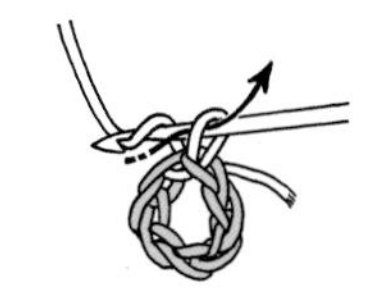

2 针尖挂线引出，钩立起的锁针。

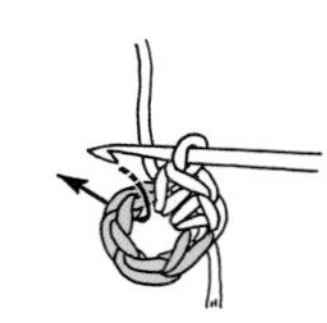

3 钩织第1圈时，钩针插入环中，将锁针成束挑起，钩织所需数目的短针。

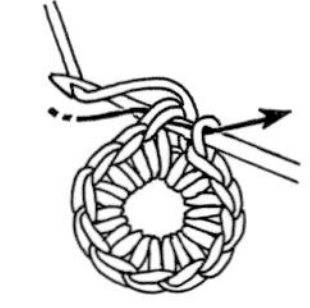

4 第1圈钩织结束时，在最开始的短针顶部入针，挂线引拔。

平针钩织时

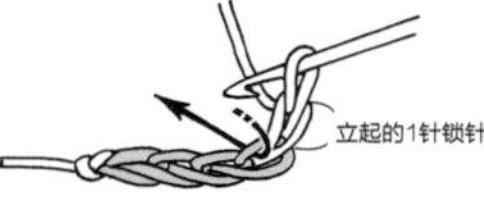

1 钩织所需数目的锁针和立起的锁针，在从行尾开始数的第2针锁针中入针，挂线引出。

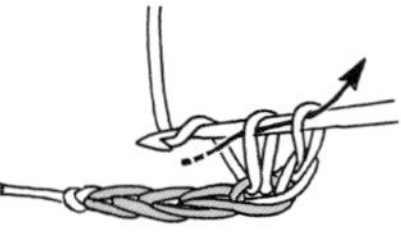

2 针尖挂线，按照图中箭头所示方向挂线引拔。

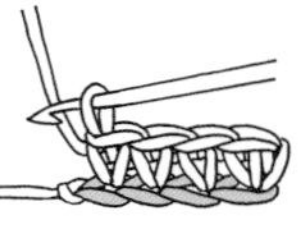

3 第1行钩织完成（立起的1针锁针不计入针数中）。

在上一行挑针的方法

根据符号图的不同，即使同一种枣形针的挑针方法也不同。符号图下方是闭合状态时，则要织入上一行的1针里；符号图下方是打开状态时，需将上一行的针脚成束挑起后再钩织。

：在1针中织入

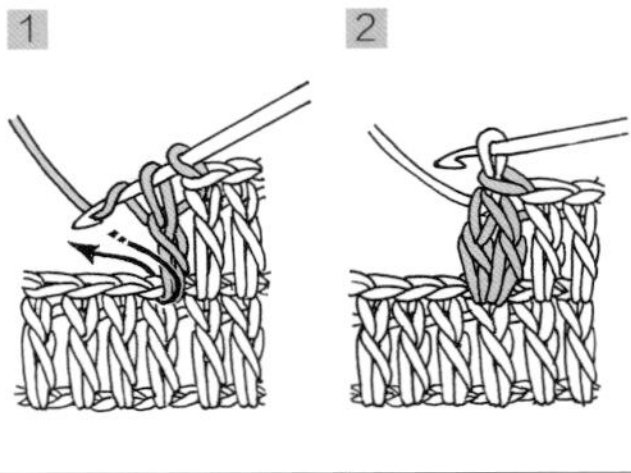

：将锁针成束挑起后钩织

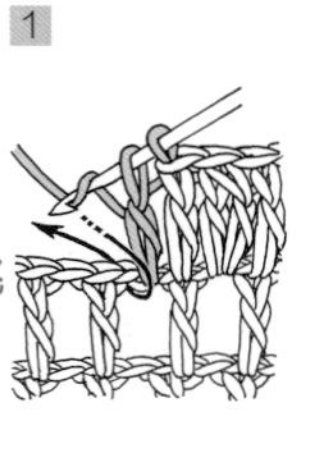

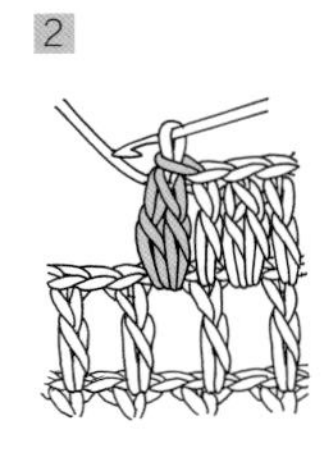

钩织符号

：锁针

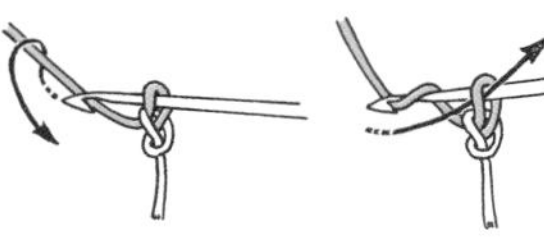

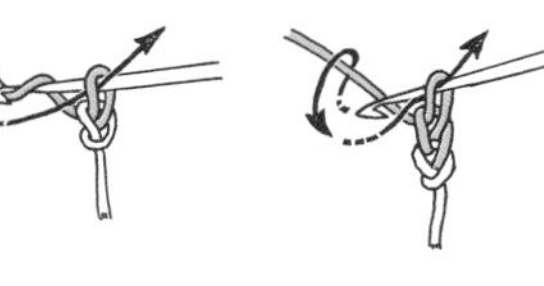

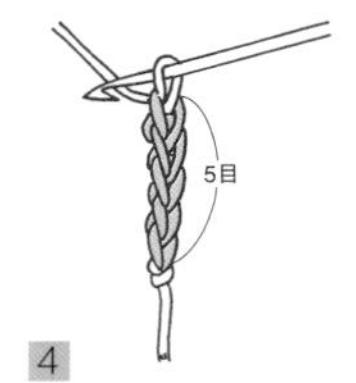

1 起针，“针头挂线”。

2 将挂在针头的线引出，1针锁针完成。

3 重复步骤1中“”的内容和步骤2继续钩织。

4 5针锁针完成。

：引拔针

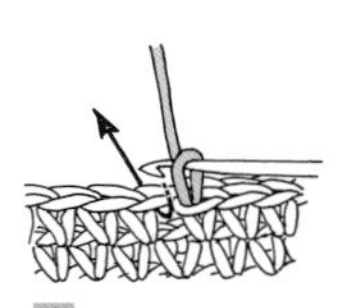

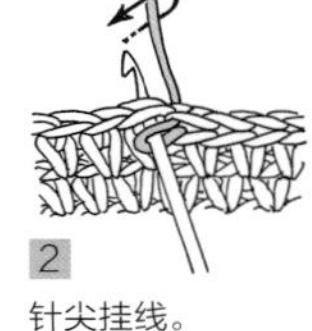

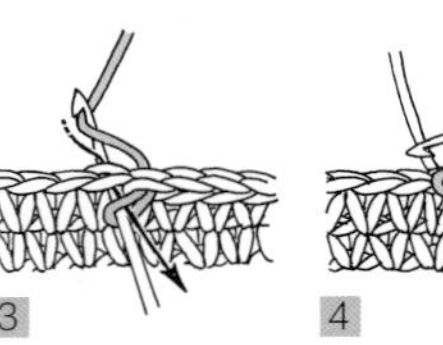

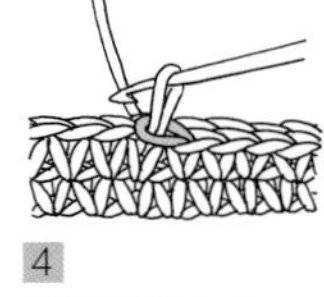

1 在上一行的针脚中入针。

2 针尖挂线。

3 将线一次性引拔。

4 1针引拔针完成。

：短针

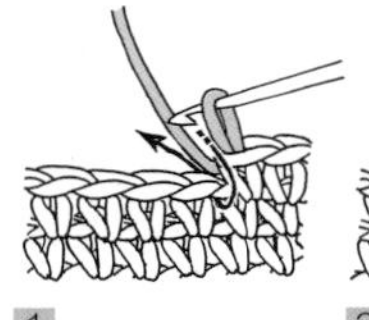

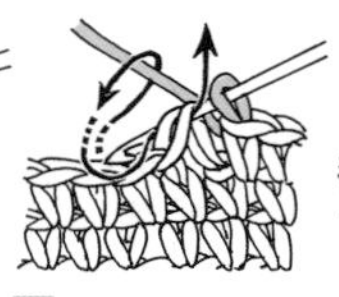

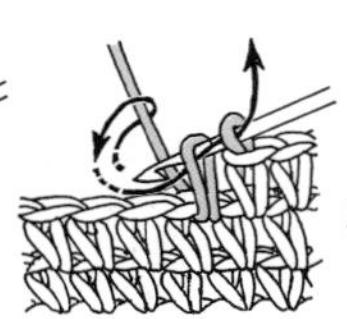

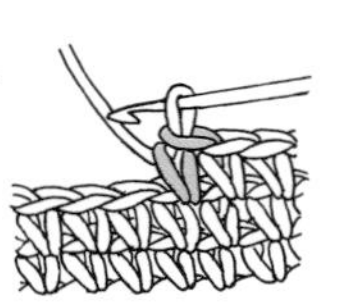

1 在上一行的针脚中入针。

2 针上挂线，引拔穿过线圈。

3 再一次针上挂线（此时的状态称为未完成的短针），2个线圈一起引拔。

4 1针短针完成。

：中长针

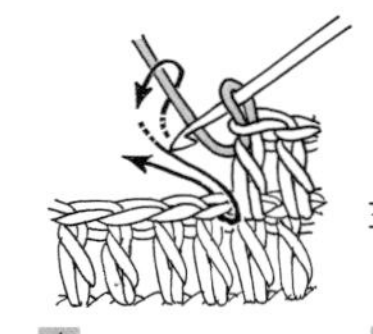

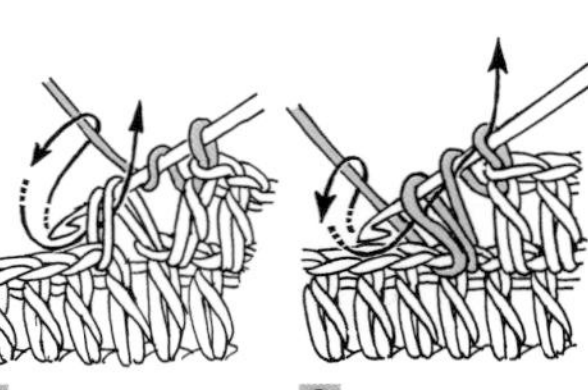

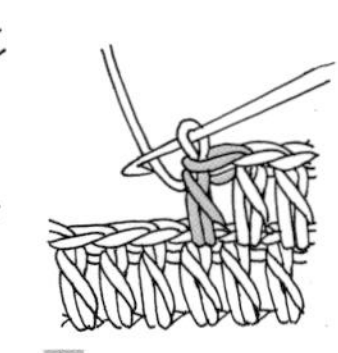

1 针上挂线，在上一行的针脚中入针。

2 针上挂线引出（此时的状态称为未完成的中长针）。

3 再一次针上挂线，一次性引拔3个线圈。

4 1针中长针完成。

：长针

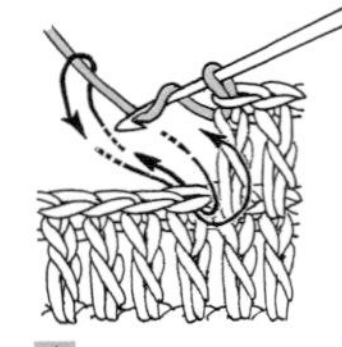

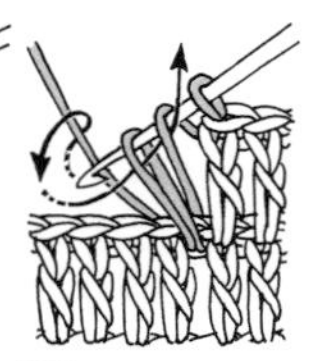

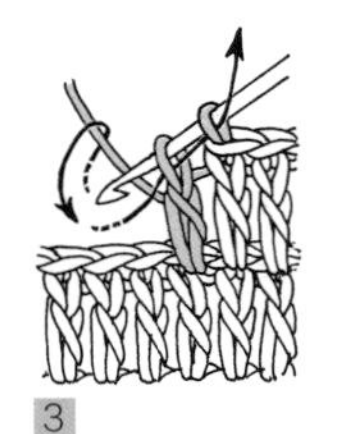

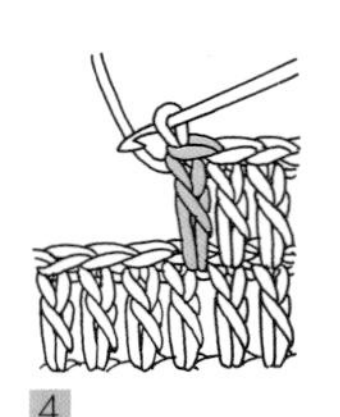

1 针上挂线，在上一行的针脚中入针，接着挂线引出线圈。

2 针上挂线，依照箭头所示方向引拔穿过2个线圈（此时的状态称为未完成的长针）。

3 再一次针上挂线，按照箭头所示方向将剩下的2个线圈一次性引拔。

4 1针长针完成。

：长长针  ：3卷长针

*（ ）内是3卷长针情况下的圈数。

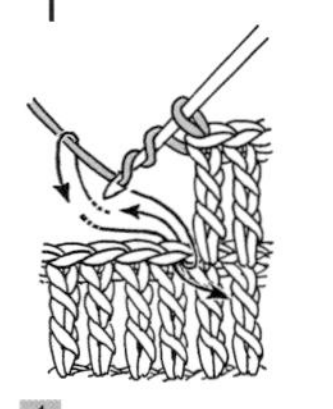

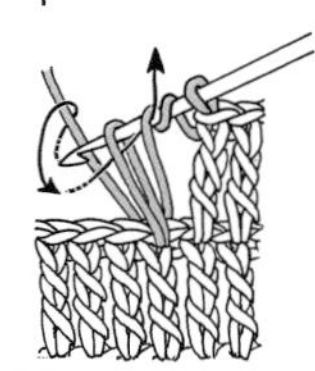

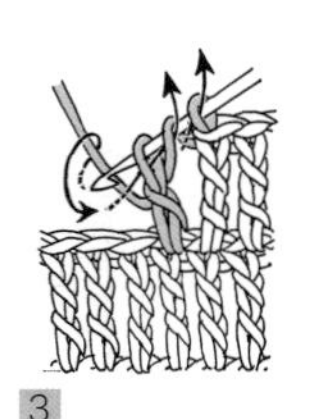

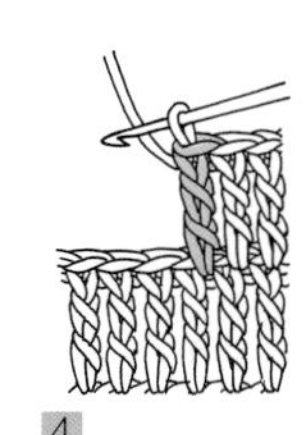

1 将线在钩针上绕2圈（3圈），在上一行的针脚中入针，针上挂线穿过线圈引出。

2 按照箭头所示方向引拔穿过2个线圈。

3 与2同样的步骤共重复2次（3次）。

4 1针长长针完成。

短针2针并1针

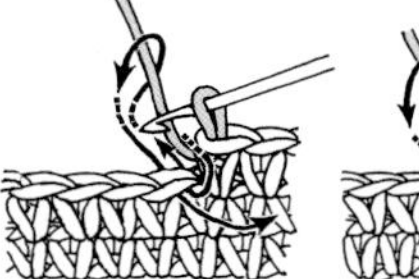
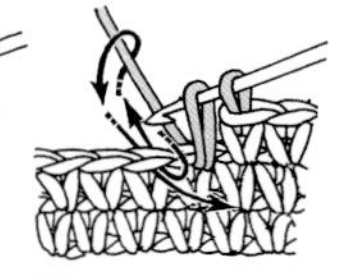
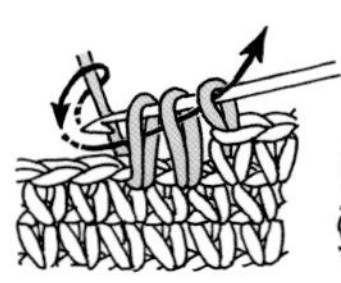
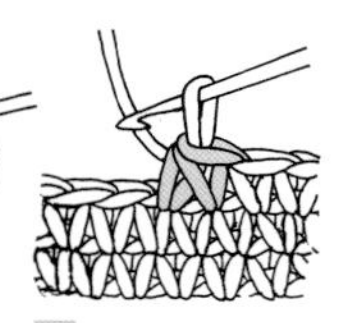

1 在上一行的针脚中入针，引出线圈。

2 下一针按同样的方法引出线圈。

3 针上挂线，将挂在钩针上的3个线圈一起引拔。

4 短针2针并1针完成，比上一行针数少1针。

短针1针分2针

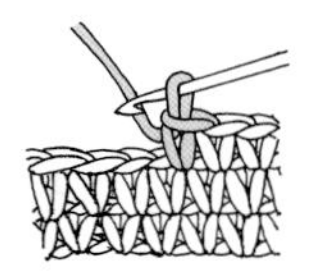
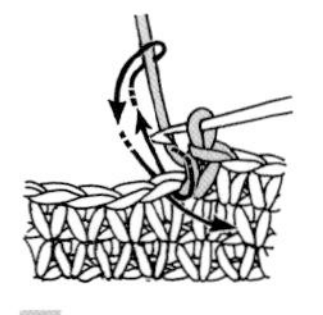
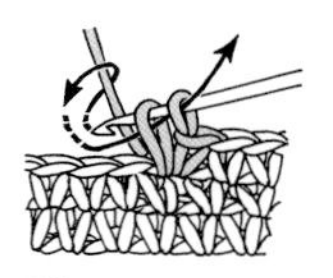
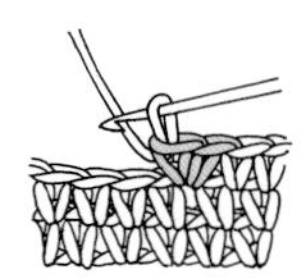

1 钩1针短针。

2 在同一针中再次入针，挂线引出。

3 针上挂线，按照图中箭头所示方向一起引拔。

4 短针1针分2针完成，比上一行针数多1针。

短针1针分3针

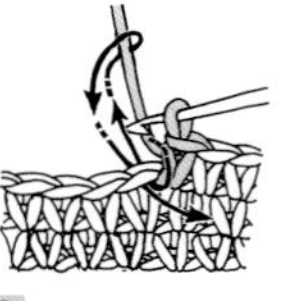
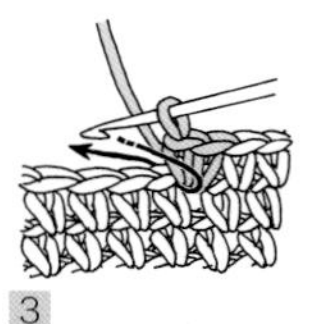
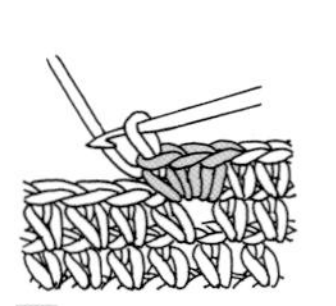

1 钩1针短针。

2 在同一针中再钩1针短针。

3 现在1针短针分成了2针，在同一针中再次钩织1针短针。

4 短针1针分3针完成，比上一行针数多2针。

锁3针的狗牙针

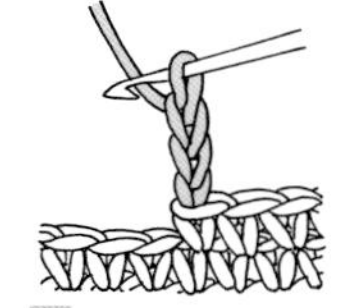
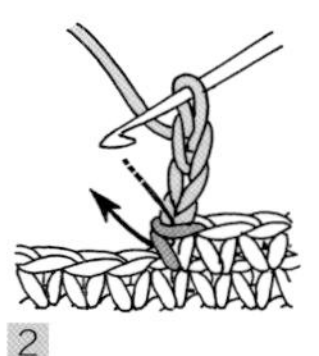
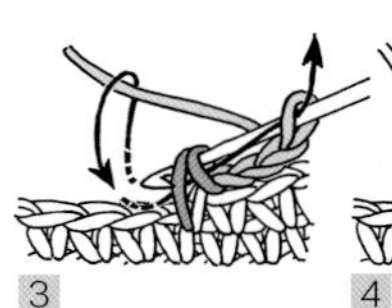
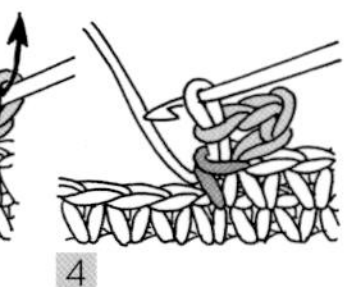

1 钩3针锁针。

2 在短针的顶部半针和根部的1根线中入针。

3 针上挂线，按照箭头方向所示一起引拔。

4 锁3针的狗牙针完成。

短针的棱针

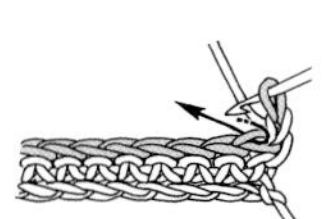
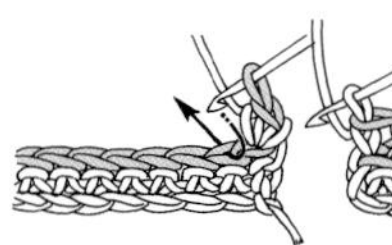
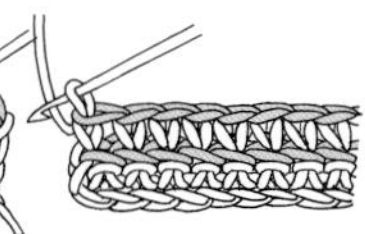
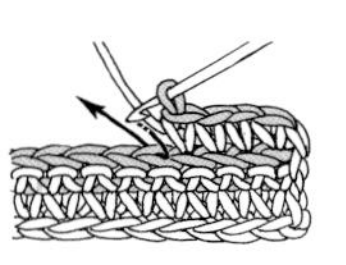

1 按照箭头所示方向在上一行针脚的外侧半针处入针。

2 钩短针，下一针也同样在外侧半针处入针。

3 继续钩短针到行尾，将织片调换方向。

4 与步骤1・2方法相同，在外侧半针处入针钩短针。

长针2针并1针

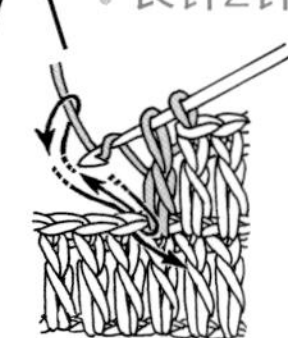
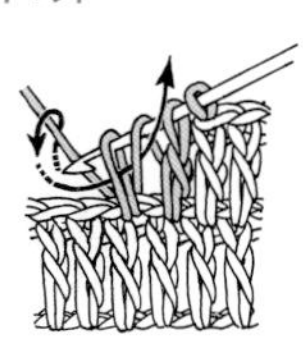
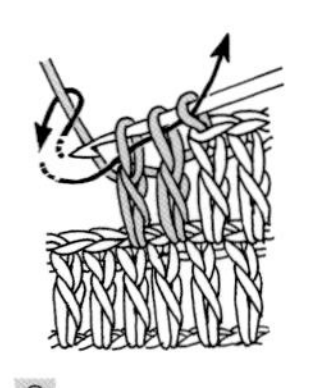
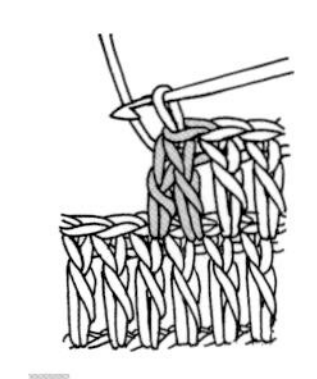

1 在上一行中钩织1针未完成的长针，下一针按箭头所示方向挂线入针再引出。

2 针上挂线，2个线圈一起引拔，钩第2针未完成的长针。

3 针上挂线，将3个线圈一起引拔。

4 长针2针并1针完成，比上一行针数少1针。

长针1针分2针

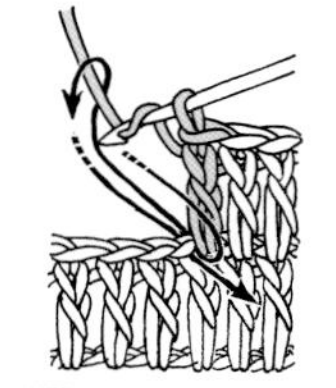
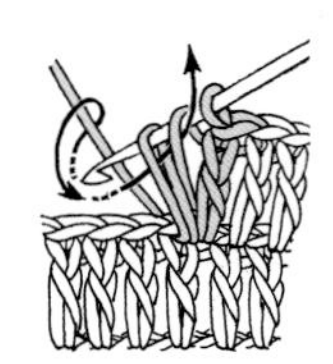
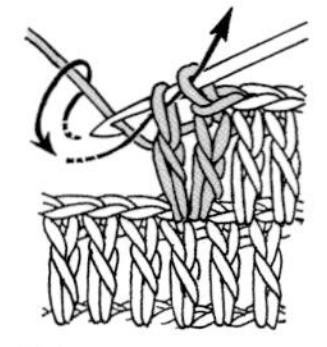
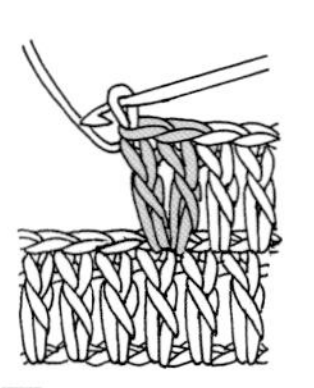

1 钩1针长针，针上挂线后在同一针中入针，再次挂线引出。

2 针上挂线，将2个线圈一起引拔。

3 再次挂线，将剩余的2个线圈一起引拔。

4 长针1针分2针完成，比上一行针数多1针。

长针3针的枣形针

长长针3针的枣形针

※（ ）中是长长针3针的枣形针的情况

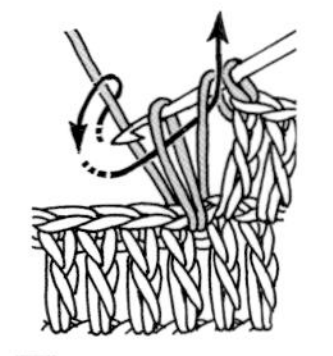
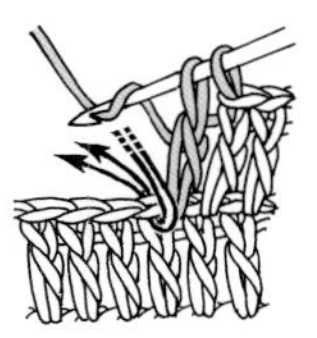
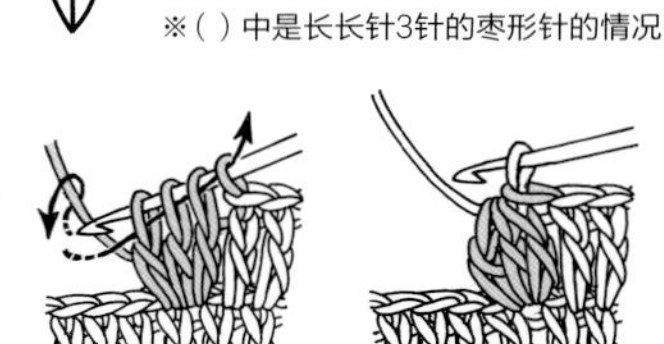
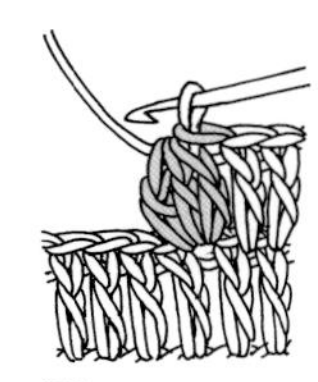

1 在上一行的针脚中钩织1针未完成的长针（长长针）。

2 在同一针里入针，继续钩织2针未完成的长针（长长针）。

3 针上挂线，将钩针上的4个线圈一起引拔。

4 长针（长长针）3针的枣形针完成。

✕ ：短针的条纹针

※每行都沿着同一方向钩织的同时，钩短针的条纹针。

=● ：引拔针的条纹针

=▲ ：中长针的条纹针

=■ ：长针的条纹针

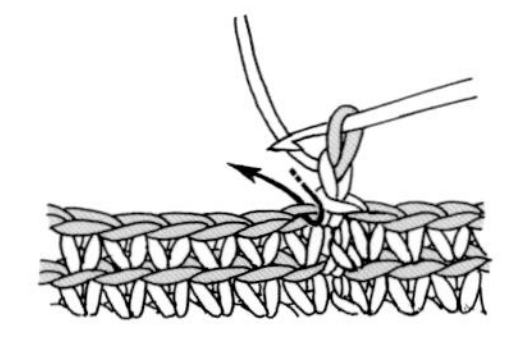

1 每行都沿正面钩织。钩短针，在基本针里引拔。

2 钩1针立起的锁针（●=不用钩立起的锁针、▲=2针、■=3针），挑上一行的外侧半针，钩织短针（●=引拔针、▲=中长针、■=长针）。

3 重复步骤2的要领继续钩织短针（●=引拔针、▲=中长针、■=长针）。

4 上一行的内侧半针处就会形成条纹状的效果了。图为短针的第3行条纹针完成。

：中长针2针的变化枣形针

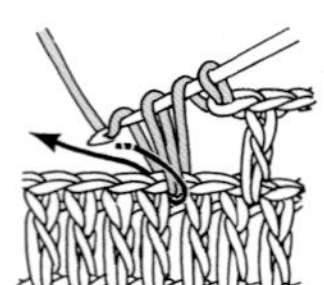

1 在上一行的同一针中钩2针未完成的中长针（请参照p.64）。

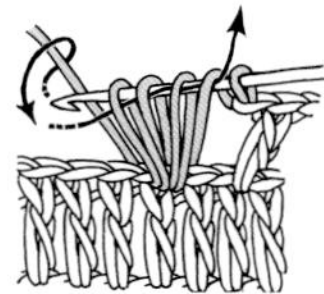

2 针上挂线，按照箭头所示方向一起引拔4个线圈。

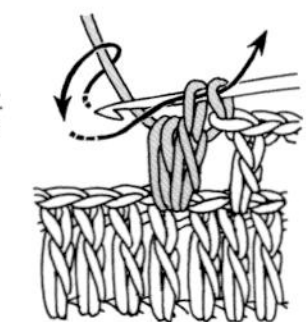

3 针上再次挂线，接着引拔剩下的2个线圈。

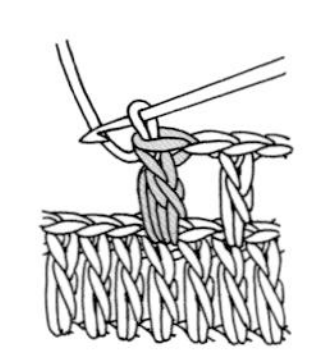

4 中长针2针的变化枣形针完成。

：中长针3针的变化枣形针

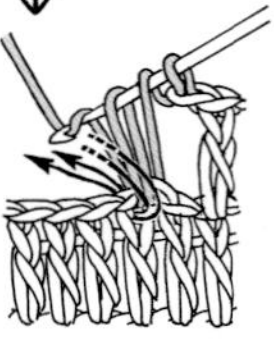

1 在上一行的同一针中钩3针未完成的中长针（请参照p.64）。

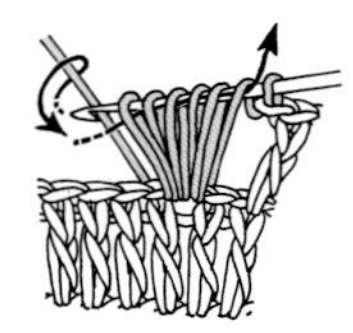

2 针上挂线，按照箭头所示方向一起引拔6个线圈。

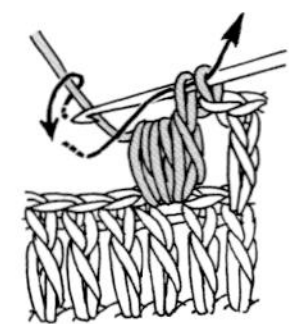

3 针上再次挂线，接着引拔剩下的2个线圈。

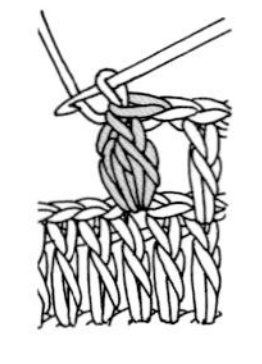

4 中长针3针的变化枣形针完成。

◎刺绣的基础针法

：直线绣

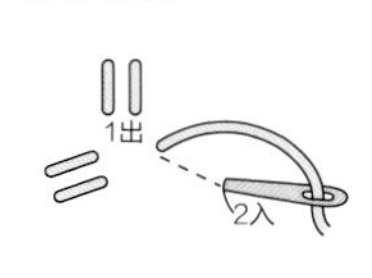

：法式结

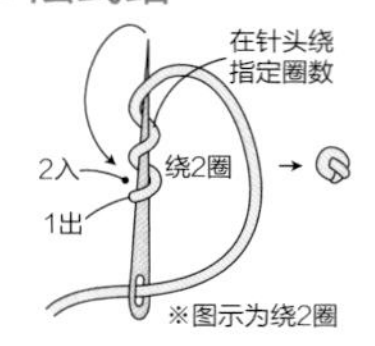

：飞鸟绣

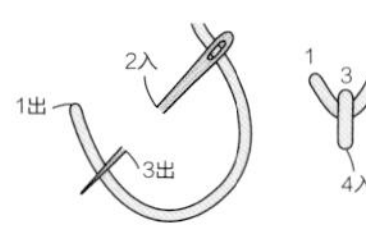

：十字绣

：缎绣

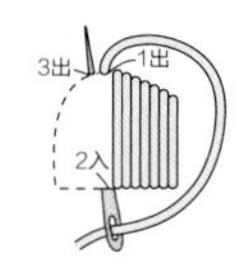

原文书名：《刺しゅう系で編む　1年中楽しめるシュシュ&ヘアゴム》

原作者名：E&G CREATES

著作权合同登记号：图字：01-2016-4725

图书在版编目（CIP）数据

钩编童话少女发饰 / 日本E&G创意编著；方菁译. -- 北京：中国纺织出版社，2017.9

ISBN 978-7-5180-3699-8

Ⅰ. ①钩… Ⅱ. ①日… ②方… Ⅲ. ①钩针－编织－图集 Ⅳ. ①TS935. 521-64

中国版本图书馆CIP数据核字（2017）第143584号

责任编辑：刘　茸　　特约编辑：刘　婧

装帧设计：培捷文化　　责任印制：储志伟

中国纺织出版社出版发行

地址：北京市朝阳区百子湾东里A407号楼　邮政编码：100124

销售电话：010—67004422　传真：010—87155801

http: //www.c-textilep.com

E-mail: faxing@c-textilep.com

中国纺织出版社天猫旗舰店

官方微博 http://weibo.com/2119887771

北京市雅迪彩色印刷有限公司印刷　各地新华书店经销

2017年9月第1版第1次印刷

开本：889×1194　1/16　印张：4.25

字数：48千字　定价：38.00元

凡购本书，如有缺页、倒页、脱页，由本社图书营销中心调换